我的科研助理ChatGPT
全方位实用指南

安若鹏 著
王学彬 高顾家 译

Supercharge Your Research Productivity with ChatGPT: A Practical Guide

内容提要

本书通过近百个实际的研究案例，详细介绍了研究人员如何让 ChatGPT 成为一位称职的研究助手。利用 ChatGPT 可以完成以下几方面的工作：① 确定研究主题并构建问题。② 根据选择的研究问题制定和完善假设。③ 进行文献综述，覆盖系统综述的所有步骤。④ 选择适当的研究设计和相应的方法论。⑤ 开发可靠且高效的研究工具。⑥ 收集并处理数据。⑦ 解释分析定量和定性数据。⑧ 撰写和修改研究论文。⑨ 处理同行评审意见。⑩ 通过大众和社交媒体平台传播研究结果。以上所有任务都可以通过在 ChatGPT 界面中简单地输入提示词来完成。

图书在版编目(CIP)数据

我的科研助理：ChatGPT 全方位实用指南 / 安若鹏著；王学彬，高顾家译．—上海：上海交通大学出版社，2024.1(2024.2 重印)

书名原文：Supercharge Your Research Productivity with ChatGPT：A Practical Guide

ISBN 978-7-313-30038-6

Ⅰ．①我… Ⅱ．①安… ②王… ③高… Ⅲ．①人工智能 Ⅳ．①TP18

中国国家版本馆 CIP 数据核字(2023)第 249919 号

我的科研助理：ChatGPT 全方位实用指南

WODE KEYAN ZHULI：ChatGPT QUANFANGWEI SHIYONG ZHINAN

著　　者：安若鹏　　　　译　　者：王学彬　高顾家

出版发行：上海交通大学出版社　　　　地　　址：上海市番禺路 951 号

邮政编码：200030　　　　电　　话：021-64071208

印　　制：上海新艺印刷有限公司　　　　经　　销：全国新华书店

开　　本：710 mm×1000 mm　1/16　　　　印　　张：15.5

字　　数：203 千字

版　　次：2024 年 1 月第 1 版　　　　印　　次：2024 年 2 月第 2 次印刷

书　　号：ISBN 978-7-313-30038-6

定　　价：68.00 元

问题乍现，疑云丛生！2023 年 2 月，我第一次听到 ChatGPT 这个名词。自此之后，ChatGPT 是什么？有什么功能？如何使用？为什么热度这么高？这几个问题一直在我脑海中环绕。为了解答心中疑惑，我开始动手找一些关于 ChatGPT 的视频资料学习，逐渐了解到 ChatGPT 是美国人工智能公司 OpenAI 推出的基于深度学习的大语言模型，可实现交互式问答、创作、编程等复杂功能。当“编程”两字映入眼帘的时候，我感到有点吃惊，印象中这种工作比较“高大上”且极难精通，ChatGPT 居然可以完成！抱着验证的态度，我联系了上海交通大学电子信息与电气工程学院一位做编程的老师，问了他两个问题：ChatGPT 编程效果怎么样？有没有可能用 ChatGPT 来做科研？他的回答是 ChatGPT 做基础代码非常好用，用来做科研也是可以的，但是 ChatGPT 可能生成不正确或荒谬的信息，抑或是正确但无用的废话，对它生成的内容你需要有衡量正确与否的标准，就这一点来说，理工科会好用一点，人文社科方面较难把握。得到肯定回答后，抱着再次验证的心态，我和几位硕士研究生采用背靠背的方式，让 ChatGPT 生成同一个概念并标注好参考文献。正如前面老师所言，ChatGPT 给出了近乎完美的答案和具体的参考文献，但参考文献却查无所得，居然是“凭空捏造”的，这让我的心情跌入谷底，如何使用 ChatGPT 进行科研如谜团一样笼罩在我的心里，挥之不去……

暗夜烛光，曙光初现！直到 2023 年 7 月我看到了母校上海体育大学发布的一则讲座通知：7 月 4 日—7 月 6 日，圣路易斯华盛顿大学布朗学院及计算与数据科学部终身副教授、博士生导师、布朗学院公共健康科学负责人安若鹏先生将做客“经精讲坛”，讲座内容包括利用 ChatGPT 提高科研生产力、人工智能大数据在公共健康领域的应用及人工智能大数据的伦理与道德困境。听闻此消息，我内心无比激动，这正是解答我心中所惑千载难逢的机遇，我随即把讲座信息转发给上海交通大学体育系的硕士研究生让他们一起学习。连续三天，每日驱车来回 96 千米，收获新知识的喜悦使路途拥堵之扰烟消云散。 安教授的讲座从根本上纠正了我的一个看法，即 ChatGPT 应用来辅助科研而不是进行科研，另外安教授提纲挈领地对 ChatGPT 辅助科研的原则、方法及伦理要求进行了阐释，并以具体案例进行了细致的分析，但仅凭三天的时间完善掌握 ChatGPT 辅助科研的方法不太现实。在讲座中，安教授提及他将自己使用 ChatGPT 辅助科研的实践结集成册，命名为 *Supercharge Your Research Productivity with ChatGPT: A Practical Guide* 并已在海外出版。正所谓“功成不必在我，功成必定有我”。该消息激发了我内心的那一团火，我相信在中国还有千千万万和我有同样困惑的社会科学研究者，如果能够将此书翻译成中文在国内出版，为国内社会科学研究者使用 ChatGPT 辅助科研的操作提供借鉴，做点燃 ChatGPT 辅助科研燎原之势的星星之火，岂不是一件功德无量的好事？于是我壮着胆子和安教授提了此要求，意想不到的是安教授欣然同意，并说有家出版社要和我面谈这件事，到时你也参加。更加意想不到的是安教授口中的这个出版社居然是上海交通大学出版社，此外“小学者”高顾家也顺利融入团队之中。天时地利人和，书籍的翻译出版工作正式踏上征程。

循序善诱，拨云见日！2018 年，安教授当选美国流行病学学院院士，同年受国际卫生组织（WHO）邀请成为日内瓦首届全球大气污染与健康大会报告主笔人之一。安教授还入选了“爱思唯尔（Elsevier）全球前 2%顶尖科学家”榜单，因研究成果接受包括《时代》周刊、《纽约时报》、《福布斯》、路透社、《福克斯》等媒体采访百余次，且其论文在 2015 年被《时代》周刊列入该年度健康领域最重要的 100 个发现。在圣路易斯华盛顿大学，安教授主要教授“应用机器学习和深度学习”课程，首创了公共卫生人工智能与大数据分析（AIBDA）证书项目。安教授依托 ChatGPT 团队将先前的研究经验落纸成书，围绕人机交互这个核心议题，通过诸多社会科学研究项目的举例说明，对在不同研究节点获得 ChatGPT 帮助进行了系统性、精细化展示。此书不仅在微观上帮助我们学会利用 ChatGPT 提出科研问题、设计调查样板、选择研究工具、撰写研究报告等，更是从宏观上为我们窥见了 AI 发展的广泛前景，既起到了手把手教我们利用 ChatGPT 辅助做科研的效果，也为我们正确认识人工智能（AI）的本质及合理科学地拓展其应用边界提供了指引。此书读罢，同有“令问维摩，闻名之如露入心，共语似醍醐灌顶”之感。思想火花的出现引发了对更多问题的追寻，以下问题希望能够和各位读者进一步深入探索：在 ChatGPT 发展方面，其科研辅助的广泛应用会不会带来科学研究的去泡沫化，提升科学研究质量？其科研辅助的广泛应用会不会产生另一种思想交流和存储的新模式，使得科研论文失去存在价值？随着未来技术的发展和使用 ChatGPT 辅助科研次数的增加，其会不会产生“记忆”，针对个人的研究方向及时地提供科学研究问题？ChatGPT 类似“暗箱”操作的体系和学术科研开放透明的体系间如何协调？此外，作为高校老师，我们还应该关注以下议题：使用 ChatGPT 辅助学生科研是否应针对学生自身科研成长阶段进行适当取舍，最大限度地促进学生科研创新能力提升？指导教师借助 ChatGPT 进行科研创新指导，其自身角色定位产生了哪些变化？

拥抱智慧，心怀感恩！我不怕被 AI 淘汰，但怕被掌握 AI 的人淘汰！首先我们应该要有危机感。身处技术漩涡中的我们必须有开放、接纳的心态，主动融入 AI 的公民社区，如此才能在未来的激烈竞争中立于不败之地。然而，我们更应该感谢这个高新技术飞速发展的新时代，它使我们能够更深入地与机器进行互动，通过最新知识的获取换取问题解决的最优方案或者灵感。本书的顺利翻译完成要感谢安若鹏教授，感谢安教授信任，将此项任务委托给我。此外，由于此书翻译工作时间紧任务重，在翻译过程中得到了上海体育大学宋倩老师、重庆三峡学院赵陆华老师等的大力支持和帮助，感谢他们在初稿形成、语言润色中的辛苦劳动和付出。当然，还需要感谢上海交通大学出版社，在智慧 AI 热潮来临的时候，给这本书的中文翻译提供平台，使广大读者有机会读到如此细致的 ChatGPT 辅助科研指导。

王学彬

我与 ChatGPT 的首次合作，是在上海交通大学人工智能研究院的一个城市停车系统优化项目中。

2023 年 5 月，我回到了上海。自 2019 年 8 月底开学赴美之后，这是我第一次回家。那次离家时，我还是一名 11 年级的高中生，这次归家，我已经是圣路易斯华盛顿大学工程学院计算机与数学专业的二年级学生。

原本这个暑假我是打算放肆地吃喝玩乐的。

但是，回家不久，我获得了去上海交通大学人工智能研究院参观的机会，有幸见到了许岩岩教授。瞬间，我被这位以交叉学科视角研究城市复杂系统中的人类移动行为、人类与建成环境的交互关系，并以数据驱动的方式对城市复杂系统进行建模与优化的极优秀的年轻教授“圈粉”了。一番“死缠烂打”后，我顺利加入了许教授的团队。

在团队中，我的工作包括数据处理、基线模型测试、模型优化、数据可视化、开发新模型、设计新的停车困难评估标准等。在这个过程中，ChatGPT 从一个智能工具渐渐变成了我的科研小伙伴。

一开始，我只是把 ChatGPT 当作搜索引擎的替代品，但很快，我发现它的能力远胜于此。ChatGPT 可以适配各种情境，不受问题的特殊性影响，提供基于经验的具体建议或答案。与 ChatGPT 的对话，能细化任务、纠正误解，建立一个有独特假设的应用场景。作为一个生成式算法，虽然 ChatGPT 不能直接处理复杂的机器学习任务，但是，它能够帮助我建立程序的框架，并根据我给出的反馈一步步完善代码。

先是欣喜，然后是满满的分享欲。我一边继续着我的科研实习，一边特别想有机会告诉大家：ChatGPT 太给力了！同时，我又十分好奇——它还能做什么？我们还能让它做什么？我不断地去探索 ChatGPT 的能力边界。

就在此时，我从母校中国官方微信号上看到一则讲座讯息：7 月 6 日下午，圣路易斯华盛顿大学布朗学院及计算与数据科学部终身副教授、博士生导师、布朗学院公共健康科学负责人安若鹏教授，将在圣路易斯华大中国办公室做分享。分享的内容是：作为科研人员，如何利用 AI 技术防范健康风险、改善健康行为、增进身心健康。在这次讲座上，安教授系统介绍了他的研究团队正在进行的一系列 AI 科研项目——从涉及汽水税的社交媒体情绪分析到基于坚果/糖果照片的卡路里自动计算；从评估聊天机器人对身体形象相关问题的回应到自动更正肥胖相关新闻中的错误信息。安教授带领着大家走进了 AI 与公共卫生研究交叉融合的全新图景。

讲座的内容固然吸引我，安教授的研究方法更吸引了我。我惊喜地发现，他也在研究中使用 ChatGPT！他甚至把 ChatGPT 称呼为自己的研究助理！

安教授于 2018 年当选为美国流行病学学院院士，迄今在国际同行评审期刊上发表论文逾 200 篇，影响因子总计逾 780，因相关研究累计接受包括《时代》周刊、《纽约时报》、《福布斯》、路透社、《福克斯》等在内的国际媒体采访报道逾百次。2015 年，安教授的论文被《时代》周刊列入该年度健康领域最重要的 100 个发现。2018 年，他接受国际卫生组织（WHO）邀请，担任在日内瓦举行的首届全球大气污染与健康大会报告的主笔人之一。他还入选了“爱思唯尔（Elsevier）全球前2%顶尖科学家”榜单。母校这么牛的一位教授，也如此认可ChatGPT在助力科研方面的价值，我一下子竟有些得意起来了，作为学生的自己仿佛和大教授有了特殊的情感连接。

当然，安教授对ChatGPT的理解，不可能像我这样只是停留在使用感受层面，他把研究工具作为了研究对象，竟然写了厚厚一本研究心得，这就是本书的英文原版 *Supercharge Your Rsearch Productivity with ChatGPT: A Practical Guide*。我几乎是一口气读完这本书的——时而让我心有戚戚焉，时而让我豁然开朗。

当其他书专注于模式化地喂给ChatGPT提示词来完成日常任务时，安教授的这本书最早、最准地抓到了问题的核心，即ChatGPT类AI有别于过往任何一种AI，它是基于自然语言对话的通用型AI，具有强大的助力科研的能力。在书中，安教授以社会科学的一些研究项目的完整应用，清晰展示了如何在每个研究节点上寻求和获得ChatGPT的帮助。这本书不仅在细节上让我学会如何用ChatGPT更好地提出或细化科研问题，如何设计调查样板、优化写作、对比或总结文献等，更让我在整个使用过程中充分领悟了如何与ChatGPT友好高效地相处，如何避免ChatGPT产生“幻觉”，如何扩展ChatGPT的记忆等等。

作为一名立志于发展人工智能（AI）的未来科学研究者，我坚信，与AI最好的相处模式是理解它并充分地运用它。安教授的书所带来的指引是超越ChatGPT本身的，它不局限于某个版本、某个算法，而是鼓励我们在人工智能时代始终保持人的主观能动性，清醒地挖掘AI的潜力并驾驭AI，让它助力科研，助力让我们的现实生活变得更美好！

把这么有意义的一本书翻译给大家看，是一件多么酷的事。于是，我又一次使出了“死缠烂打”的绝招，争得了安教授的同意，获得了与上海交通大学体育学院王学彬老师一起翻译安教授这本书的机会。

四个月的暑假，过得飞快。虽然肆意吃喝玩乐的计划“破产”了，并且这四个月过得很“苦逼”——边科研实习边埋头翻译，暑假过得比学期中还累，但此中幸福只有我知，是真正的“累并快乐着”。

感谢许岩岩教授，感谢安若鹏教授，是你们给了我成长的机会，和你们的近距离接触，让我坚定了此生走科研道路的决心，因为，你们就是我的人生航标。感谢王学彬老师，您让我的第一次翻译工作变得如此顺利！

高顾家

前言

自2022年11月由OpenAI发布以来，ChatGPT彻底改变了我们工作的方式，引发了各行各业的创新浪潮。据估计，对于大约80%的美国劳动力来说，他们的工作中至少将有10%被类似GPT的模型改变，而高达19%的劳动力可能会经历一次范式转变，一半以上的工作任务都会受到影响（Eloundou et al.，2023）。

科学研究正处于这场激动人心的革命的边缘。作为研究人员，我们处在一个激动人心的时代的前夕。我们如今能够与人工智能就任何科学话题展开深入对话，从人工智能那里获得见解，汲取灵感。在人类历史上，这尚属首次。然而，除了兴奋之外，我们还感到些许忐忑不安。我们进行科研的方式正在发生转变，我们必须与之共同进步，接受这种前所未有的人机合作的伙伴关系。

俗话说，"打不过对方，就加入他们吧"。然而，如何利用像ChatGPT这样的人工智能模型推动科研进展和提高生产力，同时又能规避一些潜在的陷阱呢？本书旨在回答这一关键问题。

本书基于真实的科研场景，描绘了一个路线图，向各个学科的研究人员展示如何将ChatGPT打造成为高效的科研助手。只需遵循以下十个简明的原则，你就能学会如何使用 ChatGPT 完成各种科研任务：

- 确定研究主题并构思问题；
- 提出假设；
- 进行文献综述；
- 选择研究设计和方法；
- 开发研究工具；
- 管理数据采集；
- 分析和阐释数据；
- 撰写研究论文和报告；
- 回应同行评审意见；
- 交流和分享研究成果。

所有这些任务只需在 ChatGPT 界面上输入提示词，就可以完成。如果你还不了解 ChatGPT，可以在这个网页注册：https：//chat. openai. com/auth/login。

在我们踏上提升科研效率之旅前，尤其需要注意的是，本书所使用的是 ChatGPT PLUS，其访问的是 OpenAI 最先进的大型语言模型 GPT－4。虽然包括可免费使用的 GPT－3. 5 在内的其他模型也可以完成基本的语言任务，但我们的测试证实，GPT－4 在提高科研严谨性方面，表现更佳。因此，遵循本书中的操作，必须使用 GPT－4。使用 ChatGPT PLUS 的资费为 20 美元/月，但考虑到其能极大提高我们的科研效率，每个月支出 20 美元只是一笔微不足道的投资。

下图是 ChatGPT PLUS 的界面。请记住，在学习本书时，始终使用 GPT－4 这一模型。

记住这一点，就准备好踏上令人激动的旅程吧。前方的道路可能会坎坷不平，但这一旅程将带来具有改造意义的转变。

首先，感谢我的太太刘静、大儿子安铭泽和小儿子安永泽，是你们在我最“阴暗”的日子里给我带来缕缕和煦的“阳光”。

选修“应用机器学习和深度学习”课程的优秀学生激励我与他们一同学习和成长。我要向他们大声说：你们很棒！

深深感谢才华横溢的 ChatGPT 团队，正是因为他们的领先技术和辛勤工作，本书才得以面世。

最后，衷心感谢我的同事们，你们支持并鼓励我将所学知识和所得见解落纸成书，与人分享。你们的信任对我意义非凡。

安若鹏

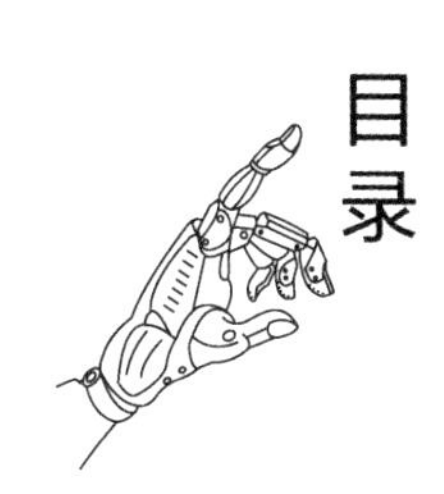

目录

第一章

纠正误解：利用 ChatGPT 赋能科研

毫不夸张地说，ChatGPT 正在震撼世界。其强大的上下文理解能力和类似人类的对话能力，甚至能让最富经验的人工智能专家感到震惊。大量的知识和专业技能变得触手可及，这在人类历史上尚属首次。只需与 ChatGPT 进行一些简单的交流，就能跨越无知到理解的鸿沟，不再需要不断地点击网页，到处寻找答案，而只需轻轻地敲几下键盘，信息就能呈现在眼前。此外，ChatGPT 让我们能够与历史人物、科学家和哲学家进行持续对话，给我们提供无限的灵感，就算是普通人也会突然感到富有能力。支离破碎的文字可以像魔法一样转换为连贯的结构合理的诗句、歌词、法律合同和故事，但这同时也产生了一些重要的问题：我们是否可以拓展 ChatGPT 的边界，以增强人类智力和创造力呢？我们能否将 ChatGPT 的强大能力用于科研？我们应该这样做吗？

然而，这些问题并不容易回答。就使用 ChatGPT 促进科研这一想法而言，人们有很多担忧。其中一些担忧可能是因为人们对新发明存在误解或是本身就对其持怀疑态度。这种现象在人类历史上常常伴随着重大科技突破出现。此外，人们还有一些更深的担忧值得进一步讨论。在接下来的部分，我们将深入探讨一些最常见的反对观点，并阐述我个人对每个问题的看法。

第一个反对观点认为，ChatGPT 既没有能力也没有理由代替人类研究者开展科学研究。这一观点认为，科研的核心在于创新，探索未知事物，以拓展知识的边界。正因为如此，研究过程可能是高度非线性的、交互式的和不确定性的。这就注定科研不能像例行公务那样机械化和自动化。虽然这些观点是有道理的，但并不能否定使用 ChatGPT 促进科研的可能性。我们可以将 ChatGPT 看作科研助手，而不是科研工作主导者。换句话说，我们或许不愿让 ChatGPT 或人工智能技术掌控方向盘，但在我们驾驶的时候，它们肯定可以为我们导航，提醒路况。

反对用 ChatGPT 进行科研的第二个理由是，ChatGPT 有产生“幻觉”的倾向。ChatGPT 存在这一问题是众所周知的。批评者经常引用 ChatGPT 会生成实际并不存在但却看似切题的引用和参考资料的例子，或者捏造历史或科学事实来支持某种观点的例子。的确是这样，因为 ChatGPT 等 GPT 模型是因果模型，其接受训练的目的就是预测文本序列中的下一个单词（或词元）。这种训练能确保聊天机器人生成看似连贯的句子和段落，但这些句子和段落中可能存在与事实不符的信息。不过，通过人类或者受人类监督的机器来核实生成的内容，通常可以避免这种错误。或者，可以使用高质量且无错误的数据来训练该模型，进而更彻底地解决这个问题。只要研究人员对 ChatGPT 的回答保持警惕，根据各自领域的专业知识尽责核实内容，人工智能产生的“幻觉”就不太可能导致严重错误或者破坏研究成果的有效性。

ChatGPT 也因缺乏推理能力而受到批评。它在加法和乘法等基本数学运算中可能会犯简单的错误。尽管人们已经提出了各种方法（如链式思考提示词）来引导 ChatGPT 避免推理错误，但成效有限。因果语言模型的训练不区分事实和推论，所以 ChatGPT 缺乏推理能力这一问题，可能更为深刻，且不易解决。杨立昆（Yann LeCun）在其 2022 年发表的论文中认为大型语言模型不是基于现实，缺乏现实世界的经验，并主张开发世界模型来解决这个问题。另外，约书亚·本希奥(Yoshua Bengio)则在 2023 年表示会专注于构建专门用于完成推理任务的推理模型。总之，单纯通过增加语言模型的规模，像 ChatGPT 这样的大型语言模型很难克服其推理能力的局限性。相反，可能需要开发替代模型架构或者设计替代训练策略来应对这一挑战。

最后，人们认为 ChatGPT 增加了抄袭的风险，从而对学术诚信构成潜在威胁。例如，该模型能够生成高质量的文本，这可能被滥用来完成写作任务。带来的后果就是，学生可能无法培养他们的写作能力和批判性思维能力。并且他们的文章质量也可能无法准确反映他们的学术能力。违背学术作品的原创性和真实性可能会严重破坏学术诚信，助长不公平现象。为此，各级学校已经出台政策，限制学生完成课程作业时使用 ChatGPT 和其他基于人工智能的工具。同时，也摸索出了能够可靠检测是否存在人工智能工具滥用的实用方法。就开发检测机器生成内容的抄袭检测工具来说，最近的研究取得了不同程度的成功。比如，爱德华·田(Edward Tian)2023 年年初创建了 GPTZero，其可以针对计算文本的困惑度分数，并将该分数与 ChatGPT 对比，进而确定这段文本是否是由 ChatGPT 生成的。困惑度衡量的是概率模型预测样本的能力，通常用于评估语言模型的文本生成性能。最近，OpenAI 推出了人工智能文本分类器(AI Text Classifier)，这是一个经过微调的 GPT 模型，可以用于预测文本由各种语言模型(包括 ChatGPT)生成的可能性。

现在人们正在讨论人工智能模型的商用和个人使用的法律和监管等相关问题。不过，因为人工智能的能力和局限性都很难预测，这些讨论可能会滞后。有关通用人工智能是否会出现，人工智能是否会产生意识、感知、情感和目标设定能力等问题也已经出现：我们是否应该赋予人工智能权力？如果是的话，应该赋予哪些权力？技术人员、哲学家和伦理研究人员正在寻找答案来解决这些问题。从实际角度来看，在可预见的未来（如未来 5 至 10 年），人类和机器的合作程度将不断加深，一起解决问题。机器不能完全自主运行，需要人类的监督和指导。另外，人类也正在将更加复杂、认知要求更高的任务交给机器完成，并得到反馈和启发。这样的人机合作伙伴关系可能很快就会成为科研常态，这也将增加确定知识产权的难度。比如，确定一个想法是来自人类还是机器会变得困难。

人类与非人工智能机器的交互，以及人类与受人工智能驱动的机器的交互，这两种交互之间是否存在本质区别，这个区别能够证明当今人们不断增长的忧虑和恐惧是合理的吗？几十年前，人们开始使用电子计算器进行数学计算。可以说，人类完全主导了这些交互，因为计算器只是执行了运算指令。如今，大多数研究人员依赖软件包和应用程序接口进行数据分析、建模和模拟。在与机器交互时，人类是否仍然能保持其主导地位？答案可能不再明确。可以想象的是，机器给我们提供有趣、意料之外的数据模式或模拟结果，我们常常由此获得灵感并决定探索其他方法或偏离我们最初的研究计划。科研工作者与 ChatGPT 互动时，他们之间交流知识和相互启发达到了新的高度。我们要么是有意识地，要么是半有意识地，同意将一部分决策权移交给机器，进而换取最优解决方案或者灵感。这种权力的移交以前只见于人与人之间的交互中，但现在，也可能是历史上第一次，我们目睹了其在人与机器之间发生。

像 ChatGPT 这样的大语言模型所具备的几个关键特征，使得这些模型非常适合充当科研助手或科研伙伴。通过互联网上的海量数字化文本的训练，这些模型在知识广度上就远超任何人。尽管 ChatGPT 在特定领域的专业知识可能比不上科研人员，但它的多学科知识可以提供有价值的见解。

很大部分科研工作，甚至包括一些尖端研究，都涉及乏味、劳动密集型和重复性的任务，这些任务仍然需要一定程度的人类判断和决策。这样的任务包括文献综述、数据采集和稿件起草，ChatGPT 已经证明其能够更快地完成这些任务，进而让科研人员能够专注于科研中更加激动人心和具有挑战性的方面。团队合作能带来诸多好处，但现实情况却是，许多科研人员，特别是那些规模较小、经费较少的机构的科研人员，他们的资源有限，可能没机会接触到大型的合作研究团队。科研资源集中于知名机构中，这反映了全球财富分配不均。ChatGPT 可以调节资源分配，进而“扳平比分”，让资源有限的科研人员、研究生和博士后能够组成他们的“个人团队”，发挥他们的创造力。这样一个激动人心的转变，我们希望能在未来几个月或几年内实现。这也是我撰写本书的主要原因，本书旨在促进并加速“扳平比分”的进程，让每个人都得以获得先进的研究能力。

过去几个月，有不少关于 ChatGPT 的书籍出版面世。又来一本新书，除了在书架上积灰，还能有什么作用呢？这个问题是有道理的，值得我诚恳作答。

市场上与 ChatGPT 相关的书籍大多都侧重于提示词工程的教学，且通常采用的是模板，并非专门用于科学研究。我同我的研究生、访问学者已经读了很多这样的书、在线教程和应用程序接口文档，还在 YouTube 上看了有关提示词工程的视频。这样的书读得越多，就越让我们意识到，提示词模板和所谓的“最佳操作”或经验法则能带来的价值有限。

颇具讽刺意味的是，在互联网上搜索一下，可以发现数不清的预制、可直接使用的 ChatGPT 提示词模板，这些模板涵盖了从食谱到计算机组装等各个主题。不过，真的有适用于各个主题的最优提示词吗？即使有，又如何找到一个切合我们需求的提示词？想象你在与另一个智能生物（比如人类）对话：你是愿意筛选数千张提示词卡片来找到最合适的问题，还是愿意简单地开始对话并且顺其自然？经验丰富的采访者通常会准备几个深思熟虑的开场问题，而且能在不控制对话的情况下巧妙地引导对话。让对话伙伴自由表达想法，我们就更有可能获得有价值的见解和灵感。要想学习知识和开阔眼界，就应该敢于探索未知领域,同时并不担心失去控制。当然,我们不应盲目接受机器提供的信息,反而始终都要发挥批判性思维,并进行认真核实。

为了充分发挥像 ChatGPT 这样的大语言模型的能力,我们同其对话时,应将其视为学识广、智商高的同伴。内容至上,形式次之。过去几个月,数千个基于 ChatGPT 和类似模型而开发的应用程序横空出世,这些应用程序提供了多种多样的界面和方法供用户与机器交互,满足用户的需求。但是,我们很快就明显察觉,不论我们多么努力,都不可能跟上这些不断增长的应用程序的节奏。不过,如果我们从更加广泛的视角观察低代码或者无代码应用程序的整体趋势,会发现,从根本上来说,这些应用与基础语言模型的交互方式出奇相似——都是通过撰写提示词。因此,掌握用自然语言与模型交流是必不可少且经久不衰的技能,该技能的适用时间可能会比大多数流行应用程序的生命周期还要长。掌握了该技能,我们就能最大限度地发挥 ChatGPT 和未来的大语言模型所具有的全部潜力。

我们与 ChatGPT 的合作经验让我们得出了两个简单但极其有效的原则:“保持提示词充分清晰”和“不给答案设限”。提示词模糊不清,含义模棱两可,这会阻碍我们与 ChatGPT 的准确交流并导致误解。为了让机器尽可能满足我们的需求,我们必须通过提供语境,清晰表达我们的期望,并且避免含糊不清,进而让机器充分明白我们的要求。ChatGPT 给出不尽人意的回答,往往不是因为其能力不足,更多的是因为我们的提示词不能清楚表达需求。要知道,ChatGPT 是经过训练的,而且有一个包含数十亿参数的庞大、多层神经网络,其中的知识不可胜数。面对这种高度压缩、紧凑的知识表达形式,要想准确找到并提取满足用户需求的具体信息片段变得极具挑战性。为了解锁这些信息片段,我们的提示词必须经过精雕细琢,才能成为开启知识宝库的完美之钥。

不给答案设限,让 ChatGPT 能够发挥其批判性思维能力,与“保持指示词充分清晰”原则相辅相成。为了从对话中获得最大利益，我们应该避免认为自己知道自己所提要求的最佳流程和答案，进而主导对话，因为这样 ChatGPT 就只是个打字机了。过多限制会削弱 ChatGPT 的作用，抑制其创造力，也让我们没有机会获得灵感。相反，我们应该为 ChatGPT 创造空间，以便它能够为对话做出有意义和智慧的贡献，这也正是实现人机合作的真正价值和全部潜力的方式。关键在于引导而不是主导交互。

本书旨在为在科学研究背景下使用 ChatGPT 提供全新视角，也认为真实互动比刻板模板更加重要。本书探讨了两个矛盾但互补的原则——“保持提示词充分清晰”和“不给答案设限”——背后的艺术和科学，以期从对话中获得最大价值。

在本书的第一章中，我们探讨了 ChatGPT 对获取信息的变革性影响以及其增强人类智能和创造力的潜力。我们虽然承认人们对 ChatGPT 用于科学研究存在担忧，例如其产生“幻觉”的倾向、缺乏推理能力以及对学术诚信的潜在威胁，但我们认为通过谨慎使用和监督，可以减少这些问题的产生。我们建议，不要将 ChatGPT 视为科研人员的替代品，而是将其视为具有无限价值的研究助手，这个助手可以加快完成烦琐、劳动密集型的任务，从而让研究人员能够专注于科研中更令人兴奋和更具挑战性的工作。本章还强调，需要采取全新视角看待与 ChatGPT 的交互，这样的视角鼓励真实对话，反对刻板模板，这种视角遵循“保持提示词充分清晰”和“不给答案设限”原则。

在第二章中，我们将通过提示词工程，介绍 10 个基本规则，用于与 ChatGPT 进行有效交流。我们不仅要灵活应用这些规则，还要发挥自己的创造力。这些规则通常需要组合使用，这就能让我们在日常科研活动中，专心投入这种人机合作中。你也将发现，使用这十个基本规则，也为实施上文提到的两个指导原则——“保持指令充分清晰”和“不给答案设限”——奠定了基础。让我们马上开始吧！

第二章

提示词工程的力量：10 条基本规则

提示词工程是一门有关用词、短语或代码片段的选择与斟酌的艺术，旨在训练人工智能系统给出所需的回应。可以说，提示词工程就是“芝麻开门”咒语，能够打开 ChatGPT 和其他生成式人工智能模型的知识宝藏。在本章中，我们将给出 10 条基本规则，这些规则是实现成功、高效提示词工程的基础。灵活并且创造性地运用这些简单规则可以显著提高模型输出内容的质量，能够满足甚至超越你的期望。我们的例子虽然以科研（特别是与健康相关的研究，因为我是一位公共卫生研究者）为重点，但你很快会发现，这些规则适用于各种通过自然语言进行的人机交互。

本章特意选取简单的例子，采用了软件工程中的“最小工作示例”的概念。这种方法有助于展示这 10 条基本规则，并且可以避免出现真实科研中存在的复杂性和细微差别让你手足无措的情况。不过放心，后面的章节将深入探讨这些规则在科研各个阶段的实际应用，并提供大量真实例子。换句话说，在用我们的尖端工具涉足广阔的研究领域之前，我们希望每个人都学会安全规则并系好“安全带”。听起来很合理，是吧？

提示词工程的 10 条基本规则如下：

1. 确保提示词明确具体；
2. 将复杂问题分解为较简单的部分；
3. 尝试不同的提示词表达方式；
4. 设置语境；
5. 要求逐步解释；
6. 索要出处和引用；
7. 探索其他观点；
8. 增加约束条件来控制回答的长度或格式；
9. 提供示例来指导模型；
10. 培养批判性思维和探索。

现在，让我们通过一些最小工作示例，简要探讨一下每条规则。

规则 1　确保提示词明确具体

该规则可以说是所有规则中最重要的。在给 ChatGPT 设计提示词时，必须牢记，该机器无法读懂我们的心思，也不可以通过第六感来感知我们的需求。ChatGPT 没有用我们的个人数据来训练，它此前并不了解我们，也不能事先知道我们的具体需求，除非我们明确地提供了这些信息。ChatGPT 位于 OpenAI 厚实的超级计算机房间墙壁后，与其取得联系的唯一方式就是通过我们精心设计的提示词。为了确保获得最佳的回答，编辑提示词的时候需要尽可能准确清晰，不留歧义。

例 1　不要问“运动有哪些好处？”，而要问“中等强度的有氧运动对成年人心血管有什么好处？”

例 2　不要问“疫苗如何发挥作用？”，而要问“解释 mRNA 疫苗在产生对抗病毒感染的免疫力过程中的作用机制。”

例 3　不要问“肥胖的原因有哪些?”,而要问“导致儿童肥胖最主要的 3 个因素是什么?”

规则 2　将复杂问题分解为较简单的部分

当涉及复杂问题或多层次主题时,将它们分解成更简单、更易管理的主题是很有用的。在单个提示词中加入太多方面的内容可能会让 ChatGPT 忽略一些要点,或无法提供针对任何特定方面的全面答案。不要觉得非要将所有内容都放在一个提示词中,而要考虑通过一系列交流,与 ChatGPT 互换想法,进而与其进行深入交流。将你的问题分成多个主题并逐一解决,这样可以帮助 ChatGPT 保持专注,从而生成更准确相关的回答。

此外,考虑你的问题各部分之间的关联性。如果这些主题是相关或连续的,你最好在 ChatGPT 控制台中,把它们放在同一对话框中(在创建“新聊天”时使用相同的名称)。但是,如果这些主题代表不同、不相关的主题,则考虑将它们放在不同的对话框中,进而让内容清晰且结构合理。这种方法可以让你与 ChatGPT 进行更有效、更深入的对话,最终带来更好的结果。

例 1　将“植物性饮食的好坏之处有哪些?”这个问题分为两个问题:“植物性饮食有哪些健康益处?”和“植物性饮食有哪些潜在缺点?”

例 2　将“营养对认知功能有什么影响?”这个问题分为两个问题:先问“特定的营养素(如 Omega－3 脂肪酸)是如何影响认知功能的?”;再问“营养通过哪些机制影响大脑健康?”

例 3　将“遗传因素和生活方式因素如何导致心脏病?”这个问题分为两个问题:先问“遗传在导致心脏病方面起着什么作用?”;再问“生活方式因素如

何导致心脏疾病?”

规则 3 尝试不同的提示词表达方式

本质上说，像 ChatGPT 这样的大语言模型是对文本提示词进行逐字标记和编码。标记化是将输入的文本分解为较小单元的过程，这些单元叫作词元，通常表示单词或字符。文本一旦标记，就通过嵌入过程转化为数值向量，这些向量以一种神经网络能理解和处理的方式来表示输入的文本。

由于模型本身和编码过程十分复杂，即使提示词文本发生微小变化，也可能产生深远影响，影响到提示词文本的潜在的词元代表，也会影响到 ChatGPT 神经网络如何处理输入文本，进而生成输出内容。因为难以准确预测提示词的具体更改将如何影响 ChatGPT 的预测结果，所以运用工程思维反复试错至关重要。通过尝试不同的提示词表达方式，你将更有可能找到有效的措辞，进而让 ChatGPT 作出满意的回答。

例 1 如果你询问“微生物群对人体健康的作用?”没有得到满意答案，可以尝试将问题改述为“肠道微生物群如何影响人体健康和疾病?”

例 2 如果你询问“遗传因素如何影响肥胖?”没有得到满意答案，可以尝试问“导致肥胖发展的具体基因和途径有哪些?”

例 3 如果你询问“糖尿病的症状是什么?”没有得到满意答案，可以尝试问“列举Ⅱ型糖尿病的常见症状。”

规则 4 设置语境

给 ChatGPT 写提示词时提供语境非常重要，因为这可以帮助 ChatGPT 专注在一个更小、更集中的高维空间中寻找相关答案。通过缩小语境，你可以让模型更容易、更准确地识别相关信息，以满足你的特定需求。当涉及专门领域时，这一点尤为重要，比如与健康相关的研究，因为提出问题的角色和问题的背景可能会显著影响 ChatGPT 回答。

例 1　没有语境的问题："管理压力的方法有哪些？"有语境的问题："作为一名心理健康方面的专家，你会给你的患者推荐什么经证明有效的方法来管理压力？"

例 2　没有语境的问题："导致空气污染的主要因素有哪些？"有语境的问题："就城市公共卫生来说，空气污染的三个主要来源是什么？它们对呼吸健康有什么影响？"

例 3　没有语境的问题："目前治疗阿尔茨海默病的方法有哪些？"有语境的问题："作为一名专攻阿尔茨海默病研究的神经科学家，你能谈谈阿尔茨海默病治疗手段的最新进展吗？"

规则 5　要求逐步解释

在研究项目的背景下需要获取程序性信息时，要求逐步分解的信息是十分有益的。研究项目通常涉及许多相互关联的步骤，在各个节点所做出的决策都会影响后续阶段。让 ChatGPT 逐步描述有关程序，可以更清晰地了解所涉及的流程，让你可以按照步骤行事，或者按要求对特定程序进一步说明。要求逐步解释不仅可以让所提供的信息更加清晰，而且还可以帮助 ChatGPT 进行更有说服力的推理、批判性评价和预防错误。

例 1　不要问"如何进行血液检查？"试着问"逐步描述一项检查胆固醇水平的血液检查过程。"

例 2　不要问"如何进行临床试验？"而是问"概述设计和执行新药物临床试验的关键阶段。"

例 3　不要问"研究人员如何分析流行病学数据？"而是问"指出统计分析

队列研究中的流行病学数据所涉及的步骤。”

规则 6　索要出处和引用

ChatGPT 和其他大的语言模型面临的一大指责是，它们缺乏事实依据，这就让它们易受到误导性提示词和“幻觉”的影响。为了帮助减轻这一问题，你可以明确要求 ChatGPT 的回答要有出处，尤其要有科学引用。该方法虽然并不能从根本上解决 ChatGPT 缺乏依据的问题（解决这个问题需要对建模架构和训练过程作出创新），但却有助于降低 ChatGPT 生成看上去连贯但有根本缺陷的问答的风险。不过要记住，不应该直接相信 ChatGPT 所提供的引用出处，这至关重要。你自己有责任通过独立评估来判断它们准确性和相关性。

例 1　“增强工作场所心理健康的最佳策略有哪些？你能提供科学引用来支持你的回答吗？”

例 2　“久坐不动的生活方式对健康可能带来什么长期影响？请提供科学的证据和引用来证实你的回答。”

例 3　“有哪些临床证据可以证明使用益生菌有助于管理肠易激综合征？请提供与你回答相关的出处或引用。”

规则 7　探索其他观点

在提问时，我们常常无意中加入自己的偏好和观点，这可能会让 ChatGPT 倾向于提供支持我们观点的证据。这种确认偏好可能阻碍 ChatGPT 对主题的全面理解，并限制其作出客观评价。为了避免陷入过度自信的泡沫中，鼓励 ChatGPT 考虑不同的观点是至关重要的。我们可以让其权衡利弊或提出论点和反论点。让 ChatGPT 采取不同的立场，能够助其有效覆盖盲点，进而提供更加全面的见解。

例 1 不要问“体育活动干预如何改善心理健康?”而要问“就体育活动干预改善心理健康是否有效而言,有哪些支持观点和反对观点?”

例 2 不要问“远程医疗是否可以提升农村地区医疗可及性?”而要问“利用远程医疗来提升农村地区医疗可及性的优势和劣势有哪些?”

例 3 不要问“政府是否应该监管垃圾食品消费来应对肥胖问题?”而要问“就政府是否应该监管垃圾食品消费来应对肥胖问题而言,有哪些关键的支持观点和反对观点?”

规则 8 增加约束条件来控制回答的长度或格式

不要犹豫,你应该对 ChatGPT 输出内容的风格、长度或格式提出具体要求。提出更加明确的要求,能让 ChatGPT 的问答更加契合你的需求。不论你是想要一个 200 字的摘要,还是想要一个有 5 个要点且附有简要解释的项目列表,抑或是想要一个 5 列的表格,只需向 ChatGPT 清楚地表达你的期望就行!

例 1 不要说“规律锻炼带来的健康益处有哪些?”试着说“用 200 字总结规律锻炼能带来的健康益处。”

例 2 不要说“给出导致空气污染的主要因素。”试着说“列出导致空气污染的 5 个主要因素,并简要解释每个因素。”

例 3 不要问“Ⅰ型糖尿病和Ⅱ型糖尿病之间的主要区别是什么?”试着说“创建一个两列表格,一列是Ⅰ型糖尿病,一列是Ⅱ型糖尿病,并列出它们之间的主要区别。”

规则 9 提供示例来指导模型

少样本学习是一种强大的技巧。这种学习是提供少量示例来引导模型理解输入和输出之间的关系。通过利用 ChatGPT 在高维空间中衡量单词之间相似性的能力，少样本学习能让 ChatGPT 从给定的示例中进行类比。这种方法简单高效，带来的准确度提升与模型微调相当，但模型微调通常需要成千上万个示例和大量计算。

例 1

按照下面的示例格式列出导致阿尔茨海默病的主要风险因素。

###

疾病：Ⅱ型糖尿病

风险因素：肥胖、久坐的生活方式、家族史、年龄、高血压

疾病：心脏病

风险因素：高血压、高胆固醇、吸烟、肥胖

疾病：阿尔茨海默病

风险因素：________

例 2

进行一项荟萃分析的步骤：① 定义研究问题。② 进行文献搜索。③ 提取数据。④ 进行统计分析。⑤ 解释结果。

进行一项系统综述的步骤：________

例 3

地中海饮食的优势：① 患心脏病的风险降低。② 大脑健康得到改善。③ 体重更易管理。④ 患癌风险更低。

植物性饮食的优势：________

规则 10　培养批判性思维和探索

鼓励 ChatGPT 进行批判性思考和探索，可以让我们充分利用其广泛的跨学科知识。通过这样做我们不仅可以获得全新的见解、创新的想法，还能够全面理解我们的研究主题。我们写的提示词要让 ChatGPT 分析不同观点，评估证据，并综合各个领域的信息。这样不仅丰富了对话，而且还有助于我们对科研主题形成更全面、更有见地的看法。

例 1　“有哪些跨学科方法可以用来研究空气污染对公众健康的影响？”

例 2　“探讨基因工程的进步可能给心血管疾病的治疗和预防带来怎样的革新。”

例 3　“思考在医疗决策中使用人工智能会带来哪些伦理担忧，并提出方法来应对这些潜在担忧。”

总的来说，第二章提供了 ChatGPT 提示词工程的 10 个基本规则。虽然用作例子的具体模板可能有所不同，但关键是要内化这些规则，并根据自己的独特需求进行灵活调整。没有哪条规则更胜一筹，正是要将这些规则进行创造性结合才能真正发挥 ChatGPT 的潜力。随着你在与 ChatGPT 的交互中应用这些规则变得更加熟练，你会成为一名优秀的提示词工程师，能够将这些技巧无缝融入你与 ChatGPT 的对话中。现在，你已经掌握了这些简单但非常强大的规则，可以和你的人工智能伙伴一起踏上激动人心的科研合作之旅。系好安全带，准备迎接一次令人兴奋的冒险吧！

第三章

探究式搜索：发现研究主题和构建问题

研究之旅总是从形成一个研究主题和提出一个引人关注的问题开始。作为一名讲授研究方法课程超过十年的大学教授，我目睹了许多好奇的人转变为批判性思考者。在我的第一堂课中，我介绍了 FINER 标准（Hulley et al.，2007），一个精心制定的研究问题的标准，包括以下几个方面：可行性、有趣性、新颖性、道德性和相关性。不可避免地，最好奇的学生会问一个价值巨大的问题：我们如何提出一个好的研究问题？这个看似简单的问题实际上是任何研究努力中最基本和最具挑战性的方面。令人惊讶的是，虽然有无数的教科书指导研究人员完成研究过程的各个阶段，但很少有人深入探讨开发研究问题的神秘艺术。

探索一个好的研究问题确实是一门艺术，它更多地依赖于自由奔放、创意丰富、不拘泥于常规的思维方式，而不是依赖于逻辑、演绎推理。虽然可以系统地教授研究方法，但研究思路和问题的开发是一个更加难以捉摸的过程。也许没有一种公式化的方法可用来构思出精心设计的研究问题，毕竟研究问题不是工厂里批量生产的产品。然而，将想法形成的过程神秘化，将其完全归因于天赋或顿悟也是不明智的。相反，我们必须承认，创设研究想法和问题的能力可以通过结合批判性思维、好奇心和创造力来学习和培养。虽然可能没有一个万能的方法来构思研究想法，但可以采用某些策略和技巧来帮助研究人员构思出引人关注的问题，推动他们的调查研究。

在我的课上，我强调开发研究想法的四个主要来源。首先，现有的文献，尤其是系统文献综述，可以提供有价值的见解。系统综述调查关于一个主题的现有研究，确定前沿，并突显需要解决的差距和局限。研究人员可以从阅读系统综述或从一两篇有重大意义和影响深远的文章中受益，在主题和方法上获得启发，而无须钻研大量原文。研究想法的第二个来源是对话，这些对话不仅包括相同或不同学科的研究人员之间的对话，也包括其他有求知欲望的个人之间的对话。社交网络分析中一个有影响力的理论是弱关系的强度。该理论认为，弱关系，如熟人之间的随意互动，可能比强关系更有益，更能提供信息，因为这通常会让人们接触到不同的信息和经历。研究想法的第三个来源是大众或社交媒体以及其他数字平台上播出的每日新闻。这些来源可以将你的注意力引向你可能感兴趣并希望通过研究来探讨的特定社会或政治问题。最后，我鼓励学生不要忽视日常活动中可能出现的线索和灵感。例如，我带儿子去天使冰王（TCBY）吃甜食的亲身经历让我想到了与酸奶和冰激凌相比，喝冷冻酸奶的营养意义。通过搜索文献，我发现缺乏相关信息后，进行了研究，并最终发表了一篇关于该主题的论文（An et al.，2017）。

在与 ChatGPT 进行了几个月细致的讨论后，我现在可以自信地将它添加为来源列表中的第五个，也是最丰富的研究想法来源。原因很明显：ChatGPT 丰富的多学科知识及其整合不同见解的潜力可以产生有创意和激发智慧的想法。虽然 ChatGPT 与当前事件或现实世界的经历没有直接联系（因为它是通过文本描述的方式来理解世界的），但当它根据现实和事件的文本进行描述时，它可以提供有价值的见解。通过程序化处理和理解所提供的信息，ChatGPT 能够提供自己的理解和信息。

现场演示胜过千言万语，所以让我们立即开始讨论 ChatGPT 如何帮助产生研究想法。

假设你已经对某个特定的研究领域有了基本的了解，你可以利用 ChatGPT 来帮助你在该领域提出有创意的研究问题，这些问题既有趣又值得深入探讨。写一个有效的提示词，首先要从设置上下文开始，比如提及你的职业和研究领域。接下来，请 ChatGPT 提出 5～10 个与你选择的研究领域或主题相关的研究问题，并对每个问题进行简要说明。你的研究领域或主题越具体明确，ChatGPT 就越容易生成相关的和可能质量更高的研究问题。

提示词：

作为一名大学研究者，我的专业领域是健康的社会决定因素。具体来说，我对探索不良童年经历(ACEs)与成年重度抑郁性障碍(也称为重度抑郁症)的发展和严重程度之间的相关性感兴趣。然而，我并不通晓这一领域的最新研究和进展。因此，我希望你能向我提供 10 个可行的研究问题，并对每个问题进行简要说明，帮助我确定有创意的研究课题。你能提出 10 个关于不良童年经历对成年后抑郁症影响的研究问题吗？

回应：

1. 不同类型的 ACEs 如何不同程度地影响成年后患重度抑郁症的风险？

说明：本研究问题旨在探索 ACEs 的具体类型(如虐待、忽视、家庭功能障碍)及其对以后患重度抑郁症可能性的相对影响。了解这些关系有助于确定针对特定 ACEs 的干预措施的优先顺序。

2. ACEs 发生的时间如何影响成年重度抑郁症的发展？

说明：调查 ACEs 发生在不同成长阶段的影响有助于确定干预的关键时期，以及还原或恢复的可能性。

3. 遗传因素可以调节 ACEs 和成年重度抑郁症之间的关系吗?

说明：这个问题考查了遗传因素在 ACEs 和抑郁症之间发生关联的作用，这可以帮助识别个体受 ACEs 影响的不同程度，并相应地调整干预措施。

4. 恢复力因素如何减轻 ACEs 对成年重度抑郁症发展的影响?

说明：识别促进恢复的保护性因素，如社会支持、应对技巧和情绪调节，可能有助于开发有针对性的干预措施，以降低 ACEs 对心理健康的影响。

5. ACEs 和成年重度抑郁症之间存在关联的神经生物学机制是什么?

说明：了解受 ACEs 影响的神经路径和过程，可以为经历过 ACEs 的个体提供治疗和预防抑郁症的可能靶向。

6. 文化和社会经济因素如何影响 ACEs 和成年重度抑郁症的关系?

说明：这个问题提出了文化和社会经济因素在 ACEs 和抑郁症之间发生关联中所起的作用，有助于理解差异并提供对文化敏感的干预措施。

7. 依恋类型在 ACEs 和成年重度抑郁症之间产生关联中起什么作用?

说明：调查依恋类型（如安全型、焦虑型、回避型）可以让我们深入了解早期关联如何影响成年后的心理健康结果。

8. 对暴露于 ACEs 的儿童进行早期干预计划能有效预防成年重度抑郁症的发展吗?

说明：这个研究问题旨在评估早期干预计划在减少 ACEs 对精神健康的长期影响方面的有效性。

9. 并发精神健康障碍与 ACEs 和成年重度抑郁症之间存在何种相互关系?

说明：调查 ACEs 和并发精神健康障碍之间的相互作用有助于理解早期生活逆境和精神健康状况之间的复杂关系。

10. 对经历过 ACEs 的成年重度抑郁症进行循证干预的长期效果如何?

说明：这个问题旨在评估各种干预措施的有效性，如认知行为治疗和药物治疗对促进 ACEs 和重度抑郁症病史个体的康复和预防复发的效果。

这是一个合理的回应，不是吗？当然，如果没有合适的问题，不要觉得非要从生成的研究问题中选择一个。你可以随时要求 ChatGPT 生成更多问题，或者询问特定研究问题的具体方面，以获得更深刻的见解。实际上，在你选定一个真正感兴趣的精练的研究问题之前，可能会进行多轮对话。记住，在这种情况下，你是主要研究者，说到底，你是控制者。

提示词：

感谢你提供的有用列表。我对这个研究问题特别感兴趣："恢复力因素如何减轻 ACEs 对成年重度抑郁症发展的影响？"然而，我有两个忧虑。首先，我不熟悉各种恢复力因素。其次，研究的问题还是很宽泛。所以，请给我提供十个围绕这个问题的具体研究课题。每个课题应侧重于不同的恢复力因素或因素集。如果你能简要解释你建议的每个研究课题，那将对我很有帮助。

回应：

1. **社会支持网络在减轻 ACEs 对成年重度抑郁症的影响中的作用。**

说明：本课题调查了强大的社会支持网络如何通过提供情绪方面的实用的帮助来应对压力源，从而帮助经历过 ACEs 的个体避免发展为重度抑郁症患者。

2. **积极的育儿实践对减轻 ACEs 对成人抑郁症的影响。**

说明：本研究课题关注积极的育儿实践，如温暖、积极响应和一致的纪律，如何提升经历过 ACEs 的儿童的恢复力，从而可能降低他们成年后患抑郁症的风险。

3. **情绪调节技巧是经历过 ACEs 的成年个体避免发生重度抑郁障碍的保护因素。**

说明：本课题探索通过帮助个体有效地处理和管理情绪，学习情绪调节技巧，在减轻 ACEs 对重度抑郁症发展影响中的作用。

4. **在经历过 ACEs 的成人中，安全依恋与重度抑郁症的关系。**

说明：本研究课题检验了儿童时期安全依恋在缓冲 ACEs 影响中的作用，有可能促进成年人恢复心理健康并降低抑郁风险。

5. 自尊对 ACEs 与成年重度抑郁症存在关联的影响。

解释：本课题探讨了高度自尊如何帮助遭受过 ACEs 的人应对压力和挑战，从而可能降低他们患重度抑郁症的风险。

6. 积极应对策略在减轻 ACEs 对成年抑郁症影响中的作用。

说明：本研究课题调查适应性应对策略（如解决问题、寻求社会支持）对 ACEs 和成年重度抑郁症之间关系的影响。

7. 体育活动和锻炼对经历过 ACEs 的成年人避免发生重度抑郁症的保护作用。

说明：本课题研究了定期的体育活动和锻炼如何有助于减轻 ACEs 对心理健康的影响，从而可能降低成年后患抑郁症的风险。

8. 认知灵活性对 ACEs 和成年重度抑郁症之间关系的影响。

说明：本课题探索了认知灵活性（使一个人的思维适应新情况和新观点的能力）在促进经历过 ACEs 的成年人恢复和降低抑郁风险中的作用。

9. 灵性和参与宗教在减轻 ACEs 对成年抑郁症影响中的作用。

说明：本课题调查灵性和参与宗教如何提供意义感、目的感和社会支持，可能有助于保护经历过 ACEs 的人免于发展为重度抑郁症。

10. 乐观和积极情绪对 ACEs 和成年重度抑郁症关系的影响。

说明：本课题通过培养积极的人生观和提高幸福感来检验乐观和积极情绪在促进经历过 ACEs 的成年人恢复和降低抑郁风险中的作用。

如果你对 ChatGPT 建议的某个研究问题感兴趣，但仍对某些方面有所顾虑，如暴露和结果、测量或研究设计之间的概念关系，请不要犹豫，要求解释清楚或替代框架！通过进行更深入的对话，你可以探索不同的视角，并根据你的具体需求细化研究问题。ChatGPT 旨在在这一迭代过程中，根据你的需求，帮助你形成一个全面且令人信服的研究问题。

提示词：

谢谢你的好建议！假设我想探索体育活动和锻炼对经历过 ACEs 的成年人避免发展为重度抑郁症的保护作用，然而，有几个方面需要仔细考虑。这些方面包括不同类型的体育活动及其测量方法、进行体育活动的时间或阶段（如儿童期、成年初期或成年期）以及研究设计（如观察性研究或干预）。这些因素对形成研究问题很重要。鉴于此，考虑到不同类型的体育活动及其措施、进行体育活动的时间或阶段以及研究设计，你能否建议十个与此主题相关的备选研究问题？请为每个备选研究问题提供简要解释。

回应：

1. **体育活动的强度（如中度与剧烈）对保护经历过 ACEs 的人成年后避免发展为重度抑郁症的作用如何？**

说明：这个研究问题探索了不同强度的体育活动与重度抑郁症风险之间的关系，有助于确定促进心理健康的最佳体育活动强度。

2. **特定类型的体育活动（如有氧运动、抗阻训练、瑜伽）对保护经历过 ACEs 的人成年后避免发展为重度抑郁症有不同的作用吗？**

说明：这个问题考查了各种类型的体育活动的相对益处，这可能为有针对性干预和建议提供信息。

3. **体育活动的频率对经历过 ACEs 的人成年后避免发展为重度抑郁症的保护作用影响如何？**

说明：这个研究问题调查了体育活动的频率（如每天、每周）和重度抑郁症风险之间的关系，为促进心理健康提供了最佳频率的见解。

4. **对于经历过 ACEs 的成年人来说，在人生的哪个阶段，体育活动最能有效降低患重度抑郁症的风险？**

说明：这个问题考查体育活动的时间（如童年、成年初期、成年期）及其对重度抑郁症风险的影响，可能确定干预的关键时期。

5. 早期体育活动干预能否降低曾经历过 ACEs 的个体在成年后患重度抑郁症的风险?

说明：这个研究问题调查了早期体育活动干预对心理健康结果的长期影响，可能有助于确立预防策略。

6. 体育活动对经历过 ACEs 的成年人患重度抑郁症风险的影响如何因性别而异?

说明：这个问题探索了体育活动对重度抑郁症的影响可能存在的性别差异，这可能会为量身定制的干预和建议提供信息。

7. 经历过 ACEs 的成年人中，体育活动预防重度抑郁障碍的潜在生物学机制是什么?

说明：这个研究问题旨在确定体育活动对精神健康产生保护作用的具体生物学途径（如神经发生、应激反应）。

8. 对于经历过 ACEs 的成年人，体育活动可以作为重度抑郁症的有效辅助治疗吗?

说明：这个问题调查了除心理治疗和药物治疗等传统干预措施之外，体育活动可作为重度抑郁症的另外一种治疗选择。

9. 对于经历过 ACEs 的成年人，体育活动对重度抑郁症的保护作用会持续一段时间吗? 如果会，会持续多久?

说明：这个研究问题考查了体育活动对心理健康的保护作用的持续时间，提供了对定期体育活动的长期益处的见解。

10. 经历过 ACEs 的成年人中，个体因素（如遗传易感性、ACEs 的严重程度）如何调适体育活动和重度抑郁症之间的关系?

说明：这个问题探讨了个体因素如何影响体育活动对心理健康的保护作用，帮助识别可能从有针对性的干预中受益最多的个体亚群。

一旦在与 ChatGPT 交谈后决定了一个研究问题，你就要赶紧深入研究问题的各个方面，以获得更全面的理解。为此，你可以通过提供关于背景、基本原理、意义和潜在含义的信息，促使 ChatGPT 更详细地探索研究问题。这种方法不仅有助于巩固你对研究问题的理解，也有助于发现在研究过程中可能出现的挑战和机遇。

提示词：

谢谢你的有益建议！假设我的研究聚焦于进行体育活动以及其频率和强度如何影响经历过 ACEs 的成年重度抑郁症患者的发展和严重程度，请更详细地描述我的研究问题，以帮助我更全面地了解该问题。例如，你能提供一些背景信息来设定上下文吗？此外，了解这项研究背后的基本原理、重要性以及可能产生的影响将非常有帮助。而且，基于对该研究主题的了解和理解，如果你有任何其他相关信息，请随时分享。

回应：

研究问题：进行体育活动以及其频率和强度，如何影响经历过 ACEs 的成年重度抑郁症患者的发展和严重程度？

背景信息：ACEs 是在童年时期可能发生的创伤性事件，如虐待、被忽视和家庭功能失调。大量研究表明，ACEs 与成年后出现精神健康问题（包括重度抑郁症）的风险较高有关。同时，体育活动被认为是一种保护因素，有助于促进心理健康和幸福。然而，在经历过 ACEs 的成年人中，体育活动及其频率和强度与重度抑郁症的发展和严重程度之间的关系还有待充分了解。

基本原理：这项研究的目的是探索体育活动对经历过 ACEs 的成年人的重度抑郁症的发展和严重程度的可能保护作用。体育活动可能有益于减轻 ACEs 对心理健康的负面影响，这项研究旨在通过考查体育活动的不同方面，包括参与程度、频率和强度，以提供对此更深入的理解。此外，调查体育活动对重度抑郁症的影响有助于为经历过 ACEs 的个体确定最佳锻炼方案。

重要性：理解体育活动对 ACEs 和重度抑郁症之间关系的影响作用是很重要的，原因如下。首先，它有助于制定有针对性的干预措施和公共卫生政策，促进体育活动作为高危人群中预防重度抑郁症的保护因素。其次，它可以帮助医疗保健专业人员和经历过 ACEs 的个人了解体育活动在降低抑郁风险和严重性方面的潜在好处，使他们能够做出将锻炼纳入日常生活的明智决定。

含义：这项研究结果可能有多重含义。如果发现体育活动可以有效降低经历过 ACEs

的成年人患重度抑郁症的风险和严重程度，这可能会促进循证干预的发展，如基于社区的锻炼计划或为经历过 ACEs 的成年人量身定制的体育活动建议。此外，这些发现可以为公共健康运动提供信息，推广有利于精神健康和幸福的体育活动，强调锻炼对经历过 ACEs 的成年人的好处。

附加信息：在进行这项研究时，有必要考虑可能的混杂因素和个体差异，这些因素可能会影响经历过 ACEs 的成年人的体育活动和重度抑郁症之间的关系。例如，社会经济地位、资源获取条件和遗传倾向等因素也可能在抑郁症的发展和严重程度中发挥作用。此外，探索可能的调节机制，如神经生物学途径或应激反应系统，可能有助于体育活动对精神健康发挥保护作用。

前面的例子展示了当你已经对特定的研究领域有了深刻的理解时，ChatGPT 如何帮助你强化研究思路，例如与精神健康相关的 ACEs。然而，如果你是一个研究领域的新手，或者刚刚开始硕士生或博士生的学术旅程，你可能无法依靠丰富的知识来开启与 ChatGPT 的深入对话。但是不要感到气馁或不自信，因为你仍然可以通过 ChatGPT 学习、吸收和改进你的研究问题。这可能需要你和机器之间更多的讨论、探索和提炼，但这个过程可以作为一个很好的学习机会，你可能会比翻阅一堆文献或教科书更快地学到很多东西。令人惊讶的是，我们的大脑天生就适合对话！

如果你对某个研究领域不太了解，或者没有一个清晰的想法，那么在与 ChatGPT 交谈时要注意的一点是，开始时要视野开阔，从不同的角度和方式看待问题。你已经了解到 ChatGPT 的一个重要优势是其具有几乎每个研究领域的广博知识，但是你可能不会在没有询问的情况下利用它的能力，对吗？在下面的示例提示词中，展示了如何明确地引导对话，以便 ChatGPT 可以在建立跨学科联系（请注意，创新通常源于多个学科的交汇），在探索道德、社会和法律含义，分析文化影响以及调查技术进步方面发挥其批判性思维。

提示词：

你能提出三个探讨气候变化、人工智能和健康饮食之间关系的有创意的研究问题吗？

回应：

1. **在气候变化的背景下，如何利用人工智能和机器学习算法来优化可持续和健康的食品生产系统？**

这个问题调查了人工智能驱动的解决方案如何在不断变化的气候条件下促进更健康的饮食选择的同时，增强食品生产系统的恢复能力和促进可持续发展的潜力。

2. **可以通过哪些方式利用人工智能来分析气候变化对饮食模式的影响，并开发有针对性的干预措施来促进健康饮食？**

这个问题探讨了应用人工智能分析和预测气候变化引起的饮食习惯变化以及设计有针对性的干预措施，以鼓励更健康的饮食行为。

3. **人工智能和大数据分析如何帮助制定和实施应对气候变化的、健康的和可持续的粮食政策？**

这个问题深入研究了人工智能和大数据的使用，以指导制定和实施食品政策，应对涉及气候变化与饮食相关的公共健康问题。

提示词：

你能提出三个创新的研究问题，探索如何解决或减少与可穿戴健康技术相关的伦理问题，如隐私泄露、数据失窃和第三方的介入可能造成健康信息滥用的问题吗？

回应：

1. **提高公众对可穿戴健康技术伦理问题的认识以及在用户中培养知情同意文化的最有效策略是什么？**

这个问题探讨了如何教育公众，让他们了解使用可穿戴健康设备可能涉及的伦理问题，强调了知情同意和用户自主权的重要性。

2. **在可穿戴健康技术的背景下，如何设计和实施监管框架来保护用户隐私和数据安全，同时促进创新和用户利益?**

这个问题考查了在不阻碍可穿戴健康技术发展的情况下，保护用户隐私和数据安全的政策和法规的制定和执行情况。

3. **区块链和其他分散技术在解决可穿戴健康技术中涉及数据安全和隐私保护相关的伦理问题方面可以发挥什么作用?**

这个问题调查了分散技术（如区块链）在提高可穿戴健康设备的数据安全性和隐私性，同时保持数据共享和协作的优势。

提示词：

你能提出三个研究问题，探讨通过征收汽水税来抑制消费以减少肥胖的法律含义和潜在后果吗?

回应：

1. **征收汽水税的可能存在的法律挑战和障碍是什么? 如何应对这些挑战以确保政策的有效执行?**

这个问题调查了征收汽水税时可能出现的法律障碍，以及克服这些挑战和保持政策完整性的策略。

2. **汽水税潜在的递减效应会产生什么法律影响和后果，特别是在社会经济差距和公共卫生结果方面?**

这个问题调查了汽水税可能的递减效应的法律后果，特别是在加剧社会经济差距和影响公共卫生结果方面。

3. **如何从烟酒税中吸取法律经验和教训，为汽水税的设计和执行提供指导，以确保其在降低肥胖率方面的效果?**

这个问题考查了对烟草和酒精产品征税所获得的法律经验，并探讨了如何将这些经验应用于汽水税的设计和实施，以优化其对减少肥胖的影响。

提示词：

你能提出三个研究问题，调查文化因素对农村和土著社区使用精神健康远程医疗服务的影响吗？

回应：

1. **文化障碍，如语言、交流方式和精神健康相关的病症，在限制农村和土著社区使用精神健康远程医疗服务中扮演了什么角色？**

这个问题调查了特定的文化障碍对这些社区使用精神健康远程医疗服务的影响。

2. **文化体恤培训如何提高精神健康远程医疗服务提供者的护理质量，并促进农村和土著社区使用这些服务？**

这个问题探讨了向为农村和土著人群提供精神健康远程医疗服务的服务专业人员接受文化体恤培训的好处。

3. **在开发和实施精神健康远程医疗服务方面，为了促进文化接受度和提高服务使用率而吸引农村和土著社区领导人和利益攸关方参与的最佳做法是什么？**

这个问题旨在寻找让农村和土著社区成员参与精神健康远程医疗服务的规划和实施的有效策略，目的是促进文化接受度和增加采用率。

总之，形成一个研究问题的旅程可能是复杂且具有挑战性的，但不一定是孤独的旅行。使用 ChatGPT 等工具可以为产生创新的、精心设计的研究问题提供肥沃的土壤。ChatGPT 拥有广泛的多学科知识，是一个富有成效的思想伙伴，可以提供不同的见解和视角，从而激发你的创造力，完善你的研究思路。通过有意义和反复的对话，ChatGPT 可以指导研究人员探索潜在研究主题的不同方面，鼓励他们考虑各个方面，如跨学科联系、文化影响、技术进步和伦理影响。此外，它提供了一个可访问的平台来消化复杂的信息和锐化研究问题，即使对于那些对特定研究领域不熟悉的人来说也是如此。虽然设计研究问题的艺术不是公式化的，但明智地使用 ChatGPT 肯定有助于使这一过程更有吸引力、更有启发性和更有成效。随着我们在这个人工智能促进研究的时代前进，产生引人关注的研究问题的可能性从未如此之大，而限制可能性的只是一个人的想象力和好奇心。

第四章

预测性探究：为研究精心设计假设

本章将根据你在GhatGPT的帮助下确定的具体的、创新的研究问题，深入探讨设计具体假设的关键步骤。一个研究假设是关于研究中变量之间关系的可验证的、尝试性的陈述。研究假设作为进行预测和指导实证研究的基础，允许研究人员评估其有效性并扩展科学知识。

设计研究假设的基本原理在于需要为一项研究建立明确具体的目标。假设有助于研究人员合理分配精力，设计适当的方法，并以有意义的方式解释发现。一个有效的研究假设应该满足几个关键标准：陈述清楚，逻辑合理，可检验，可证伪，以及基于现有的理论框架或经验证据。

当制定研究假设时，有几个需要考虑和应避免的事情要注意。一定要确保你的假设简洁具体，有明确定义的变量和关系；一定要确保你的假设是基于相关的文献和现有的知识。不要让你的假设过于宽泛、模糊或复杂，因为这种假设会难以验证和解释；不要将你的假设仅仅建立在没有足够证据的个人观点或信念的基础上，因为这种假设会导致有偏见的或无根据的结论。

提示词：

我的研究问题是：参与体育活动及其频率和强度，如何影响经历过 ACEs 的成年人的重度抑郁症的发展和严重程度？为了更深入地研究这个问题，我正在寻找可以查证的五个创新和可行的假设，并且详细说明这些假设。

回应：

假设 1：在经历过 ACEs 的成年人中，较高水平的体育活动与降低发展为重度抑郁症的风险存在关联。

说明：这一假设表明，多参加体育活动可以通过降低患重度抑郁症的可能性来减轻 ACEs 对心理健康的负面影响。研究这种关系有助于确定促进体育活动是否可以作为经历过 ACEs 的成年人抗抑郁的保护措施。

假设 2：与低强度体育活动相比，在经历过 ACEs 的成年人中，中等强度的定期体育活动在降低重度抑郁症的严重程度方面更有效。

说明：这一假设认为，中等强度的体育活动（如快走、骑自行车）可能比低强度的活动（如悠闲散步、伸展运动）对防止抑郁症恶化有更显著的保护作用。研究运动的强度水平有助于确定促进抑郁症患者心理健康的最佳活动强度。

假设 3：在儿童期和青春期进行体育活动可以对经历过 ACEs 的人产生长期的保护作用，防止他们成年以后患上重度抑郁症。

说明：这一假设表明，早期参与体育活动可以增强抵抗成年后患重度抑郁症的能力。研究儿童和青少年参加体育活动的长期影响有助于为早期干预策略提供信息，以促进经历过 ACEs 的个体心理健康。

假设 4：体力活动对经历过 ACEs 的成人重度抑郁症的发展和严重程度的保护作用是通过改善应激反应和神经生物学变化来介导的。

说明：这一假设认为，体育活动可以通过生理机制对精神健康发挥保护作用，如降低应激反应（如降低皮质醇水平）和增强神经形成（如增加脑源性神经营养因子）。通过研究这些机制，可以深入了解经历过 ACEs 的成年人参加体育活动和重度抑郁症之间发生关联的潜在生物学途径。

假设 5：在团体环境中（如团体健身班、运动队），体育活动和社会支持的结合对经历过 ACEs 的成年人的重度抑郁症的发展和严重程度具有比单独体育活动更强的保护作用。

说明：这一假设提出，在群体环境中，将体育活动与社会支持结合起来可能会在促进经历过 ACEs 的成年人恢复心理健康方面产生协同效应。通过比较团体体育活动和个人体育活动的结果，这项研究可以帮助确定促进这一人群心理健康和提升幸福感的最有效策略。

一旦你确定了优选的假设，就可以让 GhatGPT 进一步完善，确保这些假设是准确和具体的。此外，你可以要求 ChatGPT 阐明清楚，以加深对这些假设的理解。

提示词：

谢谢你的有益建议。我提出了两个与我的研究问题相关的假设。第一个假设是，经历过 ACEs 并参与较高水平休闲体育活动的成年人，与不参与或参与较低水平体育活动的人相比，患重度抑郁症的可能性较低。第二个假设是，在积极参加体育活动的成年人中，那些参加集体体育活动的人，如团体健身班或运动队，比那些独自进行体育活动的人患重度抑郁症的风险更低。即使在控制了总体休闲时间体育活动水平后，也是如此。非常感谢你帮助改进这些假设，使之更加准确和具体。如果你能详细解释每个改进的假设，帮助我更好地理解其基本原理和潜在的含义，那将会对我很有帮助。

回应：

改进假设 1：经历过 ACEs 的成年人，如果每周至少进行 150 分钟中等强度或 75 分钟高强度的休闲体育活动，与不参加或参加较低强度体育活动的人相比，患重度抑郁症的可能性较低。

说明：这一改进后的假设规定了休闲时间体育活动的时间和强度，符合世界卫生组织对成年人的建议。通过调查满足这些建议是否可以降低经历过 ACEs 的成年人患重度抑郁症的可能性,这项研究可以有助于确定这些建议是否可以作为该人群抗抑郁的保护措施。

改进假设 2：在经历过 ACEs 的成年人中，在控制了整体的休闲时间体育活动水平后，那些至少参与 50%的集体体育活动的人比那些独自进行体育活动的人患重度抑郁症的风险更低。

说明：这一改进后的假设聚焦于集体体育活动占休闲时间体育活动总量的比例,强调参与集体活动的潜在额外益处。通过比较集体体育活动和个人体育活动的结果,这项研究可以帮助确定最有效的策略来促进经历过 ACEs 的成年人恢复心理健康。这一假设背后的基本原理是,集体体育活动可以带来额外的好处,如社会支持和归属感,这可以进一步降低患重度抑郁症的风险。

通常,一个研究假设是建立在一个现有的理论基础之上的。例如,行为健康干预的有效性可能与健康信念模型、社会认知理论或计划行为理论一致。健康信念模型探究了信念、价值观和态度对健康行为的影响(Jones et al.,2015)。社会认知理论强调认知因素和环境因素在行为塑造中的作用,如自我效能和观察学习(Bandura,1991)。同时,计划行为理论研究了意图、态度、主观规范和感知行为控制对预测和影响行为的作用(Ajzen,1991)。你可以要求 ChatGPT 根据一个或多个既定理论提出研究假设。如果你不熟悉这些理论,也可以让 ChatGPT 找出最适合你的研究问题的理论,为你的假设制定提供进一步的指导。

提示词：

我的研究问题是“含糖饮料上的警告标签在多大程度上是减少美国成年人碳酸饮料消费的有效策略?”请根据计划行为理论(TPB)提出一个与我的研究问题相关的研究假设,并说明该假设与理论之间的基本关系。

回应：

研究假设：根据计划行为理论，含糖饮料上的警告标签促使美国成年人的态度、主观规范和感知行为控制发生转变，进而导致碳酸饮料消费量的减少。

说明：计划行为理论认为，个人的行为受其意图的影响，而意图又受对行为的态度、主观规范和感知行为控制这三个主要因素的影响。

1. 态度：含糖饮料上的警告标签可能会改变人们对碳酸饮料消费的态度。标签上呈现消费含糖饮料带来负面健康后果的信息，会促使消费者认为消费碳酸饮料不太可取，对健康更有危害。

2. 主观规范。警告标签的存在也可能影响主观规范，即个人对他人对某一行为看法的感知。随着警告标签变得越来越普遍，减少碳酸饮料消费的社会压力可能会增加，这促使人们认为少喝含糖饮料是社会可以接受的选择。

3. 感知行为控制。警告标签可以通过增强人们对碳酸饮料消费健康风险的意识来影响感知行为控制。这种意识的增强会使个人能够把握自己的健康，进而做出更健康的选择，比如选择替代饮料。

提出假设时，跳出固定思维模式，挑战传统智慧可能是有益的。这种练习可以使你对手头的研究问题有更深入和更全面的理解，并有助于你应对可能来自不同立场的批评。ChatGPT 可以帮助你进行头脑风暴，给出基于你的研究问题的反直觉假设，可能提供你也许没有预料到的新的见解和观点。

提示词：

我的研究问题是“美国各州娱乐性大麻的合法化是否会导致年轻人接触和消费大麻产品的增加?”请根据我的研究问题提出三个挑战传统智慧或普遍看法的反直觉研究假设。此外，说明支持每个假设的理由。

回应：

假设 1： 美国各州娱乐性大麻的合法化导致青少年大麻消费的减少。

理由：合法化可能导致对大麻分销的更严格监管和控制，使未成年人更难获得大麻。此外，“禁果”效应可能会减弱，从而降低大麻对年轻人的吸引力。

假设 2： 娱乐性大麻合法化不会显著影响青年人消费大麻。

理由：尽管大麻法律地位发生了变化，但围绕其使用的文化和社会规范可能不会发生变化。合法化前没有吸食大麻的年轻人在合法化后不太可能开始吸食，而那些已经在吸食的人可能不会因此而改变。

假设 3： 娱乐性大麻合法化导致青少年消费从大麻转向其他物质。

理由：随着大麻的合法化和更容易获得，大麻可能对一些想要表现叛逆或想尝试禁果的年轻人失去吸引力。因此，他们可能转向仍然非法或管制较少的替代药物，从而导致年轻人药物使用模式的转变。

有时，我们也许会专注于暴露和结果之间的假设关系，而没有考虑双向或反向关系（从结果到暴露）的可能性。在其他情况下，暴露和结果之间的关系可能存在于多个层面（如个人、邻里）。当要求 ChatGPT 提出研究假设时，我们可以明确要求 AI 考虑所探讨关系的方向性和维度。这种方法可以确保对可能的假设更全面和细致地探讨。

提示词：

我的研究问题是“社会隔离是否会导致独居的老年人认知能力下降？”请提出三个假设探讨反向因果关系或双向关系的可能性。此外，说明支持每个假设的理由。

回应：

假设 1： 独居老年人认知能力的下降会导致社会隔离的增加。

理由：随着认知能力下降，老年人可能会因为在沟通、记忆和执行功能方面遇到困难而难以维持社会联系。这种困难可能会导致退出社会活动，进而增加社会隔离。

假设 2：对于独居老年人来说，其社会隔离和认知能力下降之间存在双向关系，这两个因素相互影响、相互强化。

理由：由于缺乏认知刺激和社会参与，社会隔离可能导致认知能力下降，并且认知能力下降使得老年人维持社会联系更具挑战性，进而可能加剧社会隔离。这就形成了一个循环。两个因素相互加强，导致认知健康和社会幸福感呈螺旋式下降。

提示词：

我的研究问题是"在生活于美国农村地区的青少年中，影响犹豫接种人乳头瘤病毒（HPV）疫苗的关键可变社会经济因素是什么？"使用社会生态模型作为框架，你能提出四个研究假设，在个人、关系、学校和社区等不同的层面，来验证这个问题吗？此外，说明支持每个假设理由。

回应：

以下是基于社会生态学模型的四个研究假设，调查美国农村地区青少年对 HPV 疫苗的犹豫态度：

假设 1：个体层面：健康素养较低的青少年更有可能对 HPV 疫苗持犹豫态度。

理由：较低的健康素养可能导致对 HPV 疫苗的安全性和有效性的误解，从而加剧犹豫。

假设 2：关系层面：得到父母有力支持且能够公开交流健康相关话题的青少年不太可能对接种 HPV 疫苗持犹豫态度。

理由：父母的支持和畅通的交流有助于消除担忧，并提供关于 HPV 疫苗的益处和风险的准确信息，从而减少犹豫。

假设 3：学校层面：实施全面的性教育计划，包括提供关于 HPV 疫苗信息的学校，其学生对 HPV 疫苗犹豫率较低。

理由：全面的性教育可以提供关于 HPV 疫苗的准确信息并阐明其在预防某些类型癌症的重要性，进而消除误解，减少犹豫。

假设 4：社区层面：在社会经济欠发达的社区中，青少年对 HPV 疫苗持犹豫态度的现象更为普遍。

理由：社会经济欠发达可能会限制获得可靠的健康信息、医疗资源和社会支持网络，从而导致犹豫接种 HPV 疫苗现象增加。

这些假设从社会生态模型的不同层面来探究了研究问题，考虑了可能导致美国农村青少年犹豫接种 HPV 疫苗的各种因素。

结构和测量的有效性和可靠性对于准确验证研究假设至关重要。ChatGPT 可以帮助你找出与你的研究中的结构和测量相关的潜在问题，并对这些问题提出建议解决方案。

提示词：

我的研究问题是"农贸市场水果和蔬菜购买的折扣计划在增加低收入家庭的水果和蔬菜消费方面是否具有成本效益?"在考虑水果和蔬菜购买或消费相关的测量和结构效度的潜在问题，以及与增加水果和蔬菜消费相关的潜在健康益处的前提下，请构想出三个假设。也请你建议补救措施，以缓解所发现的问题。

回应：

假设 1：农贸市场水果和蔬菜购买的折扣计划会显著增加低收入家庭成员自述的水果和蔬菜消费。

测量问题：自述的消费可能会受到记忆偏差和社会期望偏差的影响，可能高估折扣计划的实际效果。

补救措施：利用更客观的测量方法，如食物日记、购买发票或观察，来验证自述的消费数据。

假设 2：参与在农贸市场购买水果和蔬菜的折扣计划的低收入家庭成员将表现出与水果和蔬菜摄入相关的生理指标改善，如血清维生素和矿物质水平。

测量问题：生理指标可能无法准确衡量水果和蔬菜消费的短期变化，或者可能受到折扣计划以外的因素的影响。

补救措施：将生理指标数据与自述的消费情况或其他客观措施结合起来，并考虑评估生理指标在较长时期内的变化，以更好地测量折扣计划的效果。

假设3：与低收入家庭的非参与者测量相比，在农贸市场购买水果和蔬菜的折扣计划参与者患慢性病的概率更低，如肥胖、心脏病和Ⅱ型糖尿病。

结构效度问题：与水果和蔬菜消费增加相关的潜在健康益处可能会被其他因素混淆，如整体饮食质量、体育活动和遗传易感性。

补救措施：采用多变量分析来控制潜在的混杂因素，或使用纵向研究设计来建立折扣计划和健康结果随时间变化的因果关系。

当提出一个研究问题时，我们经常暗中假设结果存在单叉干预效应，然而，现实中很少出现这种情况。相反，这种影响在不同的人群和环境中会有所不同。通过向 ChatGPT 寻求关于不同人群或特定环境中潜在差异效应的见解，我们可以构想出更具体和敏感的假设。这种方法有助于我们避免泛化研究的含义，并更好地理解干预影响的细微差别。

提示词：

我的研究问题是"基于正念的干预对老年人护理人员减压有什么影响?"请在考虑不同人群或环境中干预效果可能存在差异的前提下，提出三个假设，并说明支持每个假设的理由。

回应：

假设1：与农村环境相比，在城市环境中，基于正念的干预对减轻老年人护理人员的压力有更大的影响。

理由：城市护理人员可能有更多的机会获得支持他们参与正念练习的资源，如冥想中心或支持团体，这可以提高压力减少干预措施的效果。

假设 2：基于正念的干预对于初始压力水平较高的老年人护理人员，产生的减压效果可能更明显。

理由：与那些初始压力水平较低的人相比，经历较高压力水平的护理人员可能更有动力参与正念练习，并可能从减轻压力的干预中受益更多。

假设 3：与缺乏社会支持网络的老年人护理人员相比，基于正念的干预可以更有效地减轻有强大的社会支持网络的老年人护理人员的压力。

理由：一个强大的社会支持网络可以帮助护理人员在日常生活中更有效地整合和应用正念练习。这种额外的支持可以增强干预措施对已经获得社会支持的护理人员减轻压力的影响。

本章探讨了如何有效地利用 ChatGPT 来生成研究假设，这是科学研究中的一个关键阶段。本章阐明了精心设计准确和逻辑连贯的研究假设的重要性。这些假设是可验证的、可证伪的，并根植于现有的理论框架或经验证据。本章展示了 ChatGPT 在提炼假设、说明假设的含义以及在既定理论的基础上帮助构想假设方面的广泛用途。此外，本章还展示了 ChatGPT 如何提出反直觉假设，考虑反向因果关系或多维关系，预测与结构和测量相关的问题，以及预测不同人群或背景的潜在差异影响。总的来说，本章强调了人工智能是如何作为一个强有力的工具来支持假设的构想，从而提高研究质量并促进科学知识进步。

第五章

综览文献：进行学术文献综述

本章将探讨 ChatGPT 帮助执行常见的文献综述和总结任务的各种方式。文献综述在科学研究过程中发挥着至关重要的作用,因为研究人员可以通过文献综述全面鉴别和整合关于特定研究课题的现有文献。通过深入了解前人的研究成果,研究人员可以掌握研究前沿,并区分其课题的已知和未知方面。这一过程有助于研究人员了解他们所使用的方法、技术以及该领域存在的局限性和知识差距。此外,文献综述不仅可以激发未来的研究方向,还可以在发表和传播时满足研究者的需求,同时也满足更广泛的学术界需求。

文献综述要么是"随意的"(即选择性的和主观的),要么是"严谨的"(即全面的和系统的)。例如,在硕士或博士学位论文的介绍性章节中发现的许多叙述性综述被认为是"随意的"综述,因为作者可能会挑选与其具体研究课题相关的研究。相比之下,发表在同行评审期刊上的系统综述通常遵循系统综述和荟萃分析的首选报告项目(PRISMA)指南(Page et a1. ,2021)。这些综述包括在多个文献数据库如生物医学数据库(PubMed)或科学引文数据库(Web of Science)中全面搜索某个课题的文献,并根据预先确定的综述计划来识别和总结文献。

按照搜索过程的顺序排列，综述计划中的关键要素如下。

1. 基于 PICOS 框架[人群(Population)、干预(Intervention)、对照(Comparator)、结果(Outcome)和研究设计(Study Design)]的资格标准，有助于定义研究问题和确定综述范围。

2. 为每个文献数据库量身定制搜索算法和策略，确保搜索是全面而详尽的。

3. 筛查和选择过程，以确定哪些文章符合预先确定的资格标准。

4. 数据提取，包括从选定的文章中收集相关信息，如研究特征、方法和结果。

5. 对纳入的研究内容进行质量评价，以评估其方法的严谨性和可能存在的偏倚。

6. 数据综合和分析，可能涉及定量或定性方法，这取决于研究问题的性质和可用数据。

7. 报告从分析中得到的发现和结论，也包括对研究局限性的分析和对未来研究的建议。

按照这些步骤，系统性综述可以确保以一个严格和透明的方法来评估和总结一个特定主题的现有文献。

在本章的剩余部分，我们将在大致遵循上述综述计划中列出的文献综述流程的同时，演示如何使用 ChatGPT 简化文献综述任务。当然，我们将要学习的技巧可以扩展到更多的“随意的”叙述性综述。

首先，当你有一个具体的研究问题时，你可以与 ChatGPT 合作，通过确定相关的人群、干预、比较者、结果和研究设计来开发相应的 PICOS 框架。这将有助于为你的文献综述提供一个结构化的方法，确保涵盖了与你的研究问题相关的所有关键方面。

提示词：

我的研究问题是“与标准治疗相比，正念干预能改善患有焦虑症的中年人的心理健康吗?”我的研究设计是随机对照试验。请明确相应的 PICOS 框架。

回应：

根据你的研究问题和研究设计，相应的 PICOS 框架可概述如下：

人群(P)：患有焦虑症的中年人

干预(I)：正念干预

对照(C)：焦虑症的标准治疗方法(如药物治疗、认知行为治疗)

结果(O)：心理健康的改善(你可能希望具体说明特定的心理健康结果，如焦虑症状的减轻、整体心理健康或生活质量)

研究设计(S)：随机对照试验

该框架为你的文献综述提供了一种结构化的方法，你可以系统地搜索关于中年焦虑症患者正念干预的现有研究，比较其与标准治疗的有效性，并使用随机对照试验作为研究设计。

搜索算法在系统地识别数据库搜索中的相关文献方面起着至关重要的作用。由于数据库之间在句法、字段名、对照词汇(例如 PubMed 中的术语 MeSH)和功能(各种运算符，如 near 和 within)方面的差异，搜索算法必须针对使用的具体数据库进行定制。设计一个搜索算法，部分是科学，部分是艺术，没有完美的、普遍适用的解决方案。研究人员经常与经验丰富的信息科学家或图书管理员合作，因为他们接受过为各种数据库设计搜索算法的培训。

虽然使用 ChatGPT 设计搜索算法可能会有所帮助，但必须记住，其初次生成的算法也许不能有效地工作，或者最初没有进行优化。随着时间的推移，需要迭代设计和测试来改进搜索算法。不要过度依赖 ChatGPT 生成的算法，通常有必要对其生成的算法进行进一步的修订和改进。

为了有效地使用 ChatGPT 来生成搜索算法，可以在一个具体的数据库（例如 PubMed）中提供搜索算法的单个示例，采用小样本学习方法。此外，使用链式思维方法来描述设计搜索算法的逻辑和推理可以帮助 ChatGPT 更好地理解这个示例，并生成一个相当有效的搜索算法。但是，请记住，生成的搜索算法应该被视为一个起点，需要进一步优化以获得最佳结果。

提示词：

作为一名经验丰富的图书管理员，专门从事文献综述和从 PubMed 和 Web of Science 等文献数据库中检索信息，你的任务是设计一个全面、准确和定制的搜索算法，用于系统地识别和检索 PubMed 中的相关文章。

要创建准确反映研究问题的搜索算法，请遵循下列步骤：

1. 将研究问题分解成两个或更多的关键概念。
2. 对于每个概念，确定密切相关的关键词和 MeSH 术语。
3. 使用布尔运算符 OR 来组合每个概念中的关键词和 MeSH 术语。
4. 最后，使用布尔运算符 AND 来组合不同概念的关键词和 MeSH 术语。

例如，考虑研究问题“绿色空间对中国肥胖的影响”。首先，确定三个关键概念：绿色空间、肥胖和中国。然后，为每个概念设定密切相关的关键词和 MeSH 术语。绿色空间的关键词可以包括“绿色”“自然环境”“公园”“花园”和“森林”。肥胖的相关 MeSH 术语可能是“超重”和“肥胖”，而相关关键词可能是“体重指数”“体质指数”和“腰围”。最后，使用布尔运算符 OR 来组合每个概念的关键词和 MeSH 术语，然后使用布尔运算符 AND 来组合不同的概念。

示例：

研究问题：绿色空间对中国肥胖的影响

关键概念：绿色空间；肥胖；中国

搜索算法：

("greenspace" [TIBA] OR "greenspaces" [TIBA] OR "green-space" [TIBA] OR "green space" [TIBA] OR "green infrastructure" [TIBA] OR "green infra-structures" [TIBA] OR "green area" [TIBA] OR "green areas" [TIBA] OR "green belt" [TIBA] OR "green belts" [TIBA] OR "green environment" [TIBA] OR "green environment" [TIBA] OR "greening project" [TIBA] OR "green element" [TIBA] OR "green elements" [TIBA] OR "urban green" [TIBA] OR "greenery" [TIBA] OR "greenness" [TIBA] OR "greenbelt" [TIBA] OR "greener" [TIBA] OR "normalized difference vegetation index" [TIBA] OR "NDVI" [TIBA] OR "natural element" [TIBA] OR "natural elements" [TIBA] OR "natural environment" [TIBA] OR "natural environments" [TIBA] OR "natural outdoor environment" [TIBA] OR "natural outdoor environments" [TIBA] OR "natural surroundings" [TIBA] OR "natural space" [TIBA] OR "natural spaces" [TIBA] OR "natural area" [TIBA] OR "natural areas" [TIBA] OR "natural land" [TIBA] OR "open space" [TIBA] OR "open spaces" [TIBA] OR "open land" [TIBA] OR "open area" [TIBA] OR "open areas" [TIBA] OR "walkable area" [TIBA] OR "walkable areas" [TIBA] OR "vegetated area" [TIBA] OR "vegetated areas" [TIBA] OR "public space" [TIBA] OR "public spaces" [TIBA] OR "public area" [TIBA] OR "public areas" [TIBA] OR "public land" [TIBA] OR "wild land" [TIBA] OR "wild area" [TIBA] OR "wild areas" [TIBA] OR "nature" [TIBA] OR "vegetation" [TIBA] OR "park" [TIBA] OR "parks" [TIBA] OR "parkland" [TIBA] OR "garden" [TIBA] OR "gardens" [TIBA] OR "forest" [TIBA] OR "forests" [TIBA] OR "tree" [TIBA] OR "trees" [TIBA] OR "landscape" [TIBA] OR "wood land" [TIBA] OR "woodlands" [TIBA] OR "wilderness" [TIBA] OR "walkability" [TIBA]) AND ("overweight" [MESH] OR "obesity" [MESH] OR "obesity" [TIBA] OR "obese" [TIBA] OR "adiposity" [TIBA] OR "overweight" [TIBA] OR "body mass index" [TIBA] OR "BMI" [TIBA]

OR "body weight" [TIBA] OR "waist circumference" [TIBA] OR "waist to hip" [TIBA] OR "waist-to-hip" [TIBA] OR "body fat" [TIBA]) AND ("China" [MeSH] OR "China" [ALL] OR "Chinese" [ALL]) AND English [lang] AND "humans" [MeSH]

现在将要求你具体说明以下搜索算法。

研究问题：参与体育活动及其频率和强度，如何影响经历过不良童年经历(ACEs)的成年人的重度抑郁障碍的发展和严重程度？

关键概念：体育活动；重度抑郁障碍(或称重度抑郁症)；成年人；童年不良经历(ACEs)

搜索算法：

回应：

研究问题：参与体育活动及其频率和强度，如何影响经历过不良童年经历(ACEs)的成年人的重度抑郁症的发展和严重程度？

关键概念：体育活动；重度抑郁障碍(或称重度抑郁症)；成年人；童年不良经历(ACEs)

搜索算法：

("physical activity" [MeSH] OR "physical activities" [TIBA] OR "exercise" [MeSH] OR "exercise" [TIBA] OR "exercises" [TIBA] OR "physical fitness" [MeSH] OR "physical fitness" [TIBA] OR "aerobic" [TIBA] OR "anaerobic" [TIBA] OR "training" [TIBA] OR "sport" [TIBA] OR "sports" [TIBA] OR "leisure time" [TIBA] OR "recreational activity" [TIBA] OR "recreational activities" [TIBA] OR "active lifestyle" [TIBA] OR "active living" [TIBA]) AND ("major depressive disorder" [MeSH] OR "major depression" [TIBA] OR "depression" [MeSH] OR "depression" [TIBA] OR "depressive disorder" [TIBA] OR "depressive symptoms" [TIBA] OR "mood disorder" [MeSH] OR "mood disorder" [TIBA] OR "mood disorders" [TIBA]) AND ("adult" [MeSH] OR "adult" [TIBA] OR "adults"

[TIBA] OR "adulthood" [TIBA] OR "middle aged" [MeSH] OR "middle aged" [TIBA] OR "middle age" [TIBA] OR "mid-dle-age" [TIBA] OR "older adult" [TIBA] OR "older adults" [TIBA] OR "elderly" [TIBA] OR "seniors" [TIBA]) AND ("adverse childhood experiences" [MeSH] OR "adverse childhood experience" [TIBA] OR "adverse childhood experiences" [TIBA] OR "ACEs" [TIBA] OR "childhood adversity" [TIBA] OR "childhood adversities" [TIBA] OR "childhood trauma" [TIBA] OR "childhood traumas" [TIBA] OR "child maltreatment" [MeSH] OR "child maltreatment" [TIBA] OR "child abuse" [MeSH] OR "child abuse" [TIBA] OR "child neglect" [MeSH] OR "child neglect" [TIBA]) AND English[lang] AND "humans" [MeSH]

使用 ChatGPT 所建议的搜索算法在 PubMed 中进行搜索，检索出了 78 项研究。让我们尝试一个类似的提示词，这次提供一个在 Web of Science 中的示例搜索算法。

提示词：

作为一名经验丰富的图书管理员，专门从事文献综述和从 PubMed 和 Web of Science 等文献数据库中检索信息，你的任务是开发一种全面、准确和定制的搜索算法，用于系统地识别和检索 Web of Science 中的相关文章。

要创建准确反映研究问题的搜索算法，请遵循下列步骤：

1. 将研究问题分解成两个或更多的关键概念。
2. 对于每个概念，确定密切相关的关键词和 MeSH 术语。
3. 使用布尔运算符 OR 来组合每个概念中的关键词和 MeSH 术语。
4. 最后，使用布尔运算符 AND 来组合不同概念的关键词和 MeSH 术语。

例如，考虑研究问题"体育活动干预中人工智能的应用"。首先，确定三个关键概念：人工智能、体育活动和干预。然后，为每个概念设定密切相关的关键词。人工智能的关键词可以包括"机器学习""神经网络"和"强化学习"。体育活动相关关键词可以是"运动活动""久坐行为"和"行走"。干预相关关键词可以包括"试验""治疗"和"计划"。最后，使用布尔运算符 OR 来组合每个概念的关键词，使用布尔运算符 AND 来组合不同的概念。

###

示例：

研究问题：体育活动干预中人工智能的应用

关键概念：人工智能；体育活动；干预

搜索算法：

TS = (("artificial intelligence" OR "computational intelligence" OR "machine intelligence" OR "computer reasoning" OR "machine learning" OR "deep learning" OR "neural network" OR "neural networks" OR "reinforcement learning") AND ("motor activity" OR "motor activities" OR "sport" OR "sports" OR "physical fitness" OR "physical exertion" OR "physical activity" OR "physical activities" OR "physical inactivity" OR "sedentary behavior" OR "sedentary behaviour" OR "sedentary behaviors" OR "sedentary behaviours" OR "sedentary lifestyle" OR "sedentary lifestyles" OR "inactive lifestyle" OR "inactive lifestyles" OR "exercise" OR "exercises" OR "active living" OR "active lifestyle" OR "active lifestyles" OR "outdoor activity" OR "outdoor activities" OR "walk" OR "walking" OR "running" OR "Mike" OR "Miking" OR "bicycle" OR "bicycling" OR "cycling" OR "stroll" OR "strolling" OR "active transport" OR "active transportation" OR "active transit" OR "active commuting" OR "travel mode" OR "physically active" OR "physically inactive") AND ("intervention" OR "interventions" OR "program" OR "programs" OR "trial" OR "trials" OR "treatment" OR "treatments" OR "effect" OR "effects" OR "impact" OR "impacts"))

现在将要求你说明以下搜索算法。

研究问题：参与体育活动及其频率和强度，如何影响经历过不良童年经历（ACEs）的成年人的重度抑郁障碍的发展和严重程度？

关键概念：体育活动；重度抑郁障碍（或称重度抑郁症）；成年人；不良童年经历 ACEs

搜索算法：

回应：

研究问题：参与体育活动及其频率和强度，如何影响经历过 ACEs 的成年人的重度抑郁障碍的发展和严重程度；

关键概念：体育活动；重度抑郁障碍（或称重度抑郁症）；成年人；不良童年经历 ACEs

搜索算法：

TS=((("physical activity" OR "physical activities" OR "exercise" OR "exercises" OR "physical fitness" OR "physical exertion" OR "aerobic" OR "anaerobic" OR "training" OR "sport" OR "sports" OR "leisure time" OR "recreational activity" OR "recreational activities" OR "active lifestyle" OR "active living") AND ("major depressive disorder" OR "major depression" OR "depression" OR "depressive disorder" OR "depressive symptoms" OR "mood disorder" OR "mood disorders")) AND ("adult" OR "adults" OR "adulthood" OR "middle aged" OR "middle age" OR "middle-age" OR "older adult" OR "older adults" OR "elderly" OR "seniors")) AND ("adverse childhood experiences" OR "adverse childhood experience" OR "ACEs" OR "childhood adversity" OR "childhood adversities" OR "childhood trauma" OR "childhood traumas" OR "child maltreatment" OR "child abuse" OR "child neglect"))

在实际应用中，在最终确定搜索算法之前，有必要根据检索到的文章多次修改和重新测试搜索算法。但是，为了简单起见，假设你已经完成了搜索，并进入下一阶段——根据预先确定的资格标准筛选检索到的文章标题和摘要。

如 Cochrane 综述(对人类医疗保健和健康政策的主要研究进行系统综述)所示,目前的筛选标准包括至少两名评审者独立审查每个标题和摘要,以决定文章是否应纳入综述。他们所做决定中的分歧可以通过讨论来解决。

你可能想知道是否有可能让 ChatGPT 筛选标题和摘要,并做出附有说明的决定。我们现在就探讨一下这种可能性,看看 ChatGPT 如何助力这个过程!

提示词:

我正在进行一个系统综述,并从文献数据库中检索了许多经同行评审的论文。根据我的研究问题和资格标准,请协助我筛选经同行评审的论文的标题和摘要。你的回答要表明是否纳入或排除某篇论文,对你的决定附上简短一句话的说明。下面我也提供两个回答例子,供你参考。

研究问题:参与体育活动及其频率和强度,如何影响经历过 ACEs 的成年人的重度抑郁症的发展和严重程度?

资格标准:

符合以下所有标准的研究应纳入综述:① 研究设计:实验研究(如随机对照试验[RCTs]、前后干预或交叉试验)和观察研究(如横断面、前瞻性或回顾性队列研究);② 研究对象:年满 18 岁且经历过 ACEs 的成年人;③ 暴露:体育活动或锻炼;④ 结果:重度抑郁障碍或重度抑郁症;⑤ 文章类型:原创的、实证的、经同行评审的期刊论文;⑥ 语言:英文。

如果研究符合以下任何标准,则应排除在综述之外:① 侧重于与重度抑郁症无关的结果的研究;② 针对 18 岁以下儿童或青少年的研究;③ 非英语文章;④ 信件、社论、研究或综述计划、案例报告、综述文章或定性研究(如访谈、焦点小组)。

###

示例 1：

Tite：The associations between adverse childhood experiences，physical and mental health，and physical activity：a scoping review（Hadwen et al. ，2022）

Abstract：

Background：Adverse childhood experiences（ACEs）may be associated with worse physical and mental health in adulthood，and low physical activity engagement，but the relationships are not fully understood.

Objectives：To establish the scope of the literature exploring associations between ACEs，physical activity，and physical and mental health.

Methods：We conducted this scoping review according to PRIS-MA-ScR guidelines. We searched MEDLINE，Scopus，SPORTDiscus，and PsycInfo for relevant articles.

Results：Eighteen studies were included，17 observational and 1 randomized controlled trial. The majority of studies were cross-section-al and employed self-reported physical activity and ACE measures. Six studies explored physical health，9 explored mental health，and 3 explored both. Associations between ACEs and poor physical healthoutcomes（poor self-reported physical health，inflammation，highresting heartrate，and obesity）were consistently weaker or attenuatedamong those who were physically active. Physical activity may alsomoderate the associations between ACEs and depressive symptoms，psychological functioning，and health-related quality of life.

Conclusion：Associations between ACEs and poor physical and mental health were observed in those with less frequent physical activity engagement，though the majority of evidence relies on cross-sectionalobservational designs with self-report instruments. Further research is required to determine whether physical activity can prevent or treat poor physical and mental health in the presence of ACEs.

决定和说明：排除。本文是一篇范围综述，而非原创研究。

###

示例 2：

Title：Physical activity mitigates the link between adverse childhoodexperiences and depression among U. S. adults（Royer & Wharton，2022）

Abstract：

Background：Adverse Childhood Experiences（ACEs）include potentially traumatic exposures to neglect，abuse，and household problems involving substance abuse，mental illness，divorce，incarceration，and death. Past study findings suggest ACEs contribute to depression，while physical activity alleviates depression. Little is known about the link between ACEs and physical activity as it relates to depression among U. S. adults. This research had a primary objective of deter-mining the role of physical activity within the link between ACEs anddepression. The significance of this study involves examining physicalactivity as a form of behavioral medicine.

Methods：Data from the 2020 Behavioral Risk Factor SurveillanceSystem were fit to Pearson chi-square and multivariable logistic regression models to examine t he links between ACEs and depression，ACEs and physical activity，and physical activity and depression among U. S. adults ages 18-and-older（n = 117，204）from 21 states and the District of Columbia，while also determining whether physical activity attenuates the association between ACEs and depression.

Results：Findings from chi-square analyses indicated that ACEs arerelated to physical activity（$\chi^2 = 19.4$，df = 1；$p < 0.01$）and depression（$\chi^2 = 6,841.6$，df = 1；$p < 0.0001$）. Regression findings suggest ACEswere linked to depression（AOR = 1. 050；95%CI = 1. 049，1. 051）. ACEs and physical activity（AOR = 0. 994；95%CI = 0. 992，0. 995）and physical activity and depression（AOR = 0. 927；95%CI = 0. 922，0. 932）were both inversely related. Physical activity mitigated the linkbetween ACEs and depression (AOR=0.995;95%CI=0.993,0.996).

Conclusions: This research addressed a critical knowledge gap concerning how ACEs and physical activity contribute to depression outcomes among U. S. adults. Findings suggest physical activity mitigatesthe effect of ACEs on depression. Future studies should apply physical activity interventions to alleviate depression among U. S. adults with high ACEs.

Decision and explanation: Include. This article investigated the role of physical activity in modifying the relationship between adverse childhood experiences and depression in adults.

决定和说明：这篇文章调查了体育活动在改变童年不良经历和成年后抑郁之间关系的作用。

###

Title: Disentangling the impact of childhood abuse and neglect on depressive affect in adulthood: A machine learning approach in a general population sample(Betz, 2022)

Abstract:

Background: Different types of childhood maltreatment (CM) are keyrisk factors for psychopathology. Specifically, there is evidence for a unique role of emotional abuse in affective psychopathology in children and youth; however, its predictive power for depressive symptomatology in adulthood is still unknown. Additionally, emotional abuse encompasses several facets, but the strength of their individual contribution to depressive affect has not been examined.

Method: Here, we used a machine learning(ML) approach based on Random Forests to assess the performance of domain scores and individual items from the Childhood Trauma Questionnaire (CTQ) in predicting self-reported levels of depressive affect in an adult general population sample. Models were generated in a training sample (N=

769) and validated in an independent test sample (N = 466) . Using state-of-the-art methods from interpretable ML, weidentified themost predictive domains and facets of CM for adult depressive affect.

Results: Models based on individual CM items explained more variance in the independent test sample than models based on CM domain scores (R2 = 7.6% vs. 6.4%) . Emotional abuse, particularly itsmore subjective components such as reactions to and appraisal of the abuse, emerged as the strongest predictors of adult depressive affect.

Limitations: Assessment of CM was retrospective and lacked information on timing and duration. Moreover, reported rates of CM and depressive affect were comparatively low.

Conclusions: Our findings corroborate the strong role of subjectiveexperience in CM-related psychopathology across the lifespan thatnecessitates greater attention in research, policy, and clinical practice.

决定和说明:

回应:

排除。这篇文章关注的是童年虐待对成年期抑郁情绪的影响，但并没有特别强调体育活动的作用。

太好了！ChatGPT 这次的评价是准确的。但是，现实中，我们不应该盲目相信 ChatGPT 的决定，必须谨慎对待，认真调查。了解 ChatGPT 决策的随机性(概率)也很重要——对于同一个标题和摘要，如果问两次，ChatGPT 的回答可能不一样。

如果你想使用 ChatGPT 来扩大自动筛选的规模，筛选数百篇文章，这在系统综述中是非常典型的，你也许想使用 OpenAI 的 API。这样的话，你就可以编写脚本（例如，使用 Python）来循环检索标题-摘要对。这样的操作超出了本入门书的范围。建议阅读 OpenAI 的 API 文档和教程，了解如何完成此操作。

同样，你可以使用 ChatGPT 进行全文查看。有一点需要预先申明的是，ChatGPT 对你在单个提示中可以输入的词元数量有限制。如果一篇文章太长，无法放入一个提示中，那么你可以将这篇文章分成多个部分，然后按顺序将它们输入 ChatGPT 界面。你可以指示 ChatGPT 在提供完整文本之前不要回应你的问题。

现在，假设你已经完成了你的标题或者摘要筛选和综述全文，确定了你要纳入系统综述的所有文章。下一步是从每篇文章中提取标准化的信息。同样，你可以向 ChatGPT 寻求帮助！下面的例子演示了如何将一篇很长的文章一段一段地输入 ChatGPT，使它能够提取所需的信息并将其汇编成表格。

提示词：

我将为你提供同行评议期刊论文中的相关部分，包括标题、引用（作者姓名、出版年份和期刊名称）、摘要以及方法和结果部分。由于文章较长，我会把它分成两部分，在分别的提示词里提供给你。请不要回应这些提示词，而是专注于记住内容。一旦提供了全部内容，我会要求你提取所需的信息，并将其汇编成一个表格。届时，所需信息要明确具体。你明白你的任务吗?

回应：

是的，我明白我的任务。请给我提供同行评议期刊论文的相关章节，我将重点记忆内容。一旦你提供了所有的内容，我将提取所需的信息，并按照你的要求将其汇编成表格。

提示词：

下面是第一部分内容。不需要回应，只记住内容。

###

标题：Physical activity mitigates the link between adverse childhood experiences and depression among US adults

引用：Royer M F, Wharton C. Physical activity mitigates the link between adverse childhood experiences and depression among US adults[J]. PloS one, 2022, 17(10): e0275185.

摘要：

背景：不良童年经历(ACEs)包括暴露于忽视、虐待和涉及药物滥用、精神疾病、离婚、监禁和死亡等家庭问题所可能造成的创伤。过去的研究结果表明 ACEs 会导致抑郁，而体育活动可以缓解抑郁。在谈及美国成年人的抑郁症时，我们对 ACEs 和体育活动之间的关联知之甚少。这项研究的主要目的是探究体育活动在 ACEs 和抑郁症之间所扮演的角色。这项研究的重要性在于把体育活动视为一种医学手段。

方法：来自 2020 年行为风险因素监测系统的数据符合皮尔森卡方和多变量逻辑回归模型，以考查来自 21 个州和哥伦比亚特区的 18 岁及以上美国成年人($n=117,204$)中 ACEs 和抑郁、ACEs 和体育活动以及体育活动和抑郁之间的关系，同时确定体育活动是否可以减弱 ACEs 和抑郁之间的关联。

结果：卡方分析结果表明，ACEs 与体育活动($\chi^2=19.4$, $df=1$; $p<0.01$)和抑郁($\chi^2=6\,841.6$, $df=1$; $p<0.000\,1$)相关。回归结果表明 ACEs 与抑郁相关(AOR=1.050; 95% CI=1.049, 1.051)。ACEs 和体育活动(AOR=0.994; 95% CI=0.992, 0.995)和体育活动与抑郁(AOR=0.927; 95% CI=0.922, 0.932)均呈负相关。体育活动减弱了 ACEs 和抑郁之间的关联(AOR=0.995; 95% CI=0.993, 0.996)。

结论：这项研究填补了关于 ACEs 和体育活动如何影响美国成年人抑郁结果的关键知识空白。研究结果表明，体育活动减轻了 ACEs 对抑郁症的影响。未来的研究应该把体育活动干预应用于缓解在美国成年人中经历过高度 ACEs 的美国成年人群的抑郁症。

方法

参与者样本

本研究使用了来自2020年行为风险因素监测系统（BRFSS）的数据，以研究ACEs、体育活动和抑郁等主要变量之间的横断面关系。2020年BRFSS代表了美国疾病控制与预防中心（CDC）对美国成年人（n=401 958）进行的年度横断面研究的最新可用数据。每年，CDC与各州的卫生机构合作，通过调查有代表性的成年人样本并评估各种社会状况、健康行为和疾病史来进行行为因素监测。

美国不到一半的州为2020年BRFSS收集了ACEs数据。因此，本研究的样本包括来自哥伦比亚特区（DC）和21个州（亚拉巴马州、亚利桑那州、佛罗里达州、佐治亚州、夏威夷州、爱达荷州、艾奥瓦州、肯塔基、密西西比州、密苏里州、蒙大拿州、内华达州、北达科他州、罗得岛州、南卡罗来纳州、南达科他州、得克萨斯州、奥塔州、弗吉尼亚州、威斯康星州和怀俄明州）的美国成年人，提供了相关变量的完整数据（n=117 204）。所有年龄在18岁以上的成年人都包括在我们的样本中，可以最有效地评估在美国成年人一生中ACEs、体育活动和抑郁症之间的关系。

措施

在2020年的BRFSS里，ACEs是使用包含11个项目的调查来衡量的，该调查收集了自我报告中的不幸童年经历，即遭遇了独特类型的忽视、虐待以及涉及药物滥用、心理健康、离婚、监禁、自杀和死亡等家庭问题。ACEs总分是本研究中的主要预测变量。ACEs的2020年BRFSS数据按11个单项分开。单个ACEs项目涵盖各种类型的童年逆境，其中一些包括家庭中药物滥用（“你是否与使用非法药物或滥用处方药的人一起生活?”）、目睹家庭暴力（“你们家的成年人多久会打耳光、用东西击打、用脚踢、用拳打或相互殴打?”）、身体虐待（“是否有成年人以任何一种方式对你的身体进行伤害?”）、心理虐待（“家里成年人多长时间会咒骂、侮辱或者贬低你一次?”）以及性虐待（“至少比你大5岁的人多长时间会猥亵你一次?”）。研究人员把对11个项目的每一个项目的肯定回答（一次或多次）数量相加，为ACEs总分（0~11）创建了一个区间变量。

体育活动是通过2020年BRFSS的一个问题进行调查的，该问题询问受访者在过去30天内是否参加了与工作相关的任何活动之外的体育活动或锻炼（否=0，是=1）。在这项研究中，体育活动被分别建模为抑郁的预测因子和 ACEs 结果。抑郁症也是作为 2020 年 BRFSS 的一个问题进行调查的，该问题询问受访者是否曾被诊断患有抑郁症，包括心境恶劣、轻度抑郁、抑郁症或重度抑郁（否 =0，是 =1）。在这项研究中，抑郁被视为主要的结果变量。体育活动和抑郁症都是二分变量。

协变量包括来自 2020 年 BRFSS 数据的变量，适用于年龄组（18~24 岁、25~34 岁、35~44 岁、45~54 岁、55~64 岁和 65 岁及以上）、性别（女性、男性）、种族/民族（美洲印第安人/阿拉斯加土著、亚洲人、黑人、西班牙人、夏威夷土著/太平洋岛民、白人、多种族和其他）和收入（< $15 000、$15 000 - $24 999、$25 000 - $34 999、$35 000 - $49 999、≥ $50 000 和不确定）。关于 ACEs、体育活动和抑郁的主要研究变量测量的有效性的信息之前已有报道。采用列表删除法删除 ACEs、体育活动和抑郁这些主要变量上有缺失数据的案例，从而将样本量从 401 958 减少到 = 117 204。

统计分析

使用 Rstudio 软件包包含 stats、glm 和 lmer 来分析研究数据。由于样本按州分组，使用无条件随机截距模型计算组内相关性（ICC），以测试此类分组对研究结果产生的影响程度。如果 ICC 大于 0. 05，则证明混合效应多水平模型的使用是合理的，但是使用多变量逻辑回归的固定效应一般线性模型（GLM）足以估计我们主要相关变量的精确效应大小系数。使用缺失的二分变量进行了额外的分析，以测试由于缺失数据而被排除在研究之外的参与者（n = 284 754）是否在特征上与包含完整数据的参与者（n = 117 204）有系统性的差异。

皮尔森卡方检验用于分析拥有 4 个及以上 ACEs 与体育活动、抑郁或协变量之间的关系。回归模型适用于预测因素（ACEs 或体育活动）和结果（体育活动或抑郁），同时调整所有协变量。测试 ACEs 与体育活动相互作用项，以确定体育活动是否减弱了 ACEs 和抑郁之间的关系。通过对预测因子对结果的影响的非标准化 β 系数进行求幂来计算调整后的优势比（AOR）。统计分析估计了 ACEs 和抑郁、ACEs 和体育活动以及体育活动和抑郁之间的关系。测试

ACEs 和体育活动对抑郁的交互作用，可以确定体育活动是否能防止 ACEs 增加抑郁的概率。每个模型都生成用作预测因子的 AOR。在所有分析中，把参与者特征建模为协变量。

回应：

我正在记忆文章第一部分的内容。请提供内容的第二部分，然后我将提取所需的信息，并按照你的要求将其汇编成表格。

提示词：

下面是第二部分内容。不回应指令，只记住内容。

###

结果

研究样本由来自美国 21 个州和哥伦比亚特区（DC）的 18 岁及以上的成年人（n = 117 204）组成（表 1）。与排除在外的参与者相比，研究参与者的特征在性别、年龄组、种族/民族和收入方面有所不同（p<0. 000 1）。按州分组没有改变体育活动（ICC =0. 01）和抑郁（ICC =0. 01）的研究结果。参与者的平均年龄为 55. 3 岁（标准偏差 SD = 17. 7）。大多数成年人年龄在 65 岁以上（37. 3%），女性（54. 8%），白人（75. 2%），报告的收入为 50 000 美元及以上。

表 1：有不良童年经历的美国成年人（n = 117 204）参与者特征和描述。

特征（M，SD）a　总计（%）　<4 个 ACEs（%）　≥4 个 ACEs（%）　χ^2

样本量（%）117 204（100）97 314（83）19 890（17）

性别 312. 7 *

女性 64 238（54. 8）52 205（53. 6）12 033（60. 5）

男性 52 966（45. 2）45 109（46. 4）7 857（39. 5）

年龄（M =55. 3，SD = 177）4 485. 9 *

18~24　7 190(6. 1)5 321(5. 5)1 869(9. 4)

25~34　11 977(10. 2)8 625(8. 9)3 352(16. 9)

35~44　14 957(12. 8)11 323(11. 6)3 634(18. 3)

45~54　17 050(14. 5)13 450(13. 8)3 600(18. 1)

55~64　22 338(19. 1)18 587(19. 1)3 751(18. 8)

65+　43 692(37. 3)40 008(41. 1)3 684(18. 5)

种族/民族 997. 8 *

美洲印第安人/阿拉斯加土著人 2 311(2)1 638(1. 7)673(3. 4)

亚洲人 3 177(2. 7)2 949(3) 228(1. 2)

黑人 10 158(8. 7)8 435(8. 7)1 723(8. 7)

西班牙裔 8 991(7. 7)7 095 (7. 3) 1 896 (9. 5)

夏威夷土著人/太平洋岛民 700(0. 6)532(0. 5)168(0. 8)

白人 88 203(75. 2)74 027(76. 1)14 176(71. 3)

多种族 2 844(2. 4)1 988(2) 856(4. 3)

其他 820(0. 7)650(0. 7)170(0. 8)

收入 1 359. 1 *

<$15 000　7 838 (6. 7) 5 723 (5. 9) 2 115 (10. 6)

$15 000~$24 999　15 020(12. 8)11 691(12) 3 329(16. 7)

$25 000~$34 999　9 862(8. 4)7 946(8. 2) 1 916 (9. 6)

$35 000~$49 999　13 926(11. 9) 11 472 (11. 8) 2 454 (12. 3)

⩾ $50 000　52 291 (44. 6) 44 376 (45. 6) 7 915 (39. 9)

不知道 18 267(15. 6)16 106(16. 5)2 161 (10. 9)

过去 30 天的体育活动 19. 4 *

否 28 535(24. 3)23 449(24. 1)5 086(25. 6)

是 88 669(75. 7)73 865(75. 9)14 804(74. 4)

抑郁症 6 841. 6 *

否 95 540(81. 5)83 453

是 21 664（19.5）13 861

a：均值，标准偏差。

＊p<0.01。

大多数成年人有过小于 4 个 ACEs（83%），参加体育活动（75.7%），从未被诊断患有抑郁症（81.5%）。卡方分析结果（表 1）表明，有过 4 个及以上 ACEs 与体育活动（χ^2 = 19.4，df = 1；p<0.01）、抑郁（χ^2 = 6 841.6，df = 1；p<0.000 1）、性别（χ^2 = 312.7，df = 1；p<0.000 1）、年龄（χ^2 = 4 485.9，df = 5；p<0.01）、种族/民族（χ^2 = 997.8，df = 7；p<0.000 1）以及收入（χ^2 = 1 359.1，df = 5；p<0.000 1）相关。

在所有抽样的美国成年人中，多变量回归模型（表 2）的结果显示 ACEs 增加了患抑郁症的概率（AOR = 1.050；95% CI = 1.049，1.051），每增加一个 ACE（p<0.001），美国成年人患抑郁症的百分比就增加 5%。

表 2：美国成年人（n = 117 204）童年不良经历（ACEs）、体育活动和抑郁之间存在关联的统计模型和结果。

Model a AOR b 95% CI c p 值

Model 1 ACEs→抑郁 1.05 1.049，1.051 p<0.001

Model 2 ACEs→体育活动 0.994 0.992，0.995 p<0.001

Model 3 体育活动→抑郁 0.927 0.922，0.932 p<0.001

Model 4 ACEs×体育活动→抑郁 0.995 0.993，0.996 p<0.001

a：所有多变量逻辑回归分析都按年龄、性别、种族/民族和收入这几方面进行了调整。

b：调整比值比（Adjusted Odds Ratio）。

c：95%置信区间

ACEs 与体育活动呈负相关（AOR = 0.994；95% CI = 0.992，0.995）；每增加一个 ACE（p⩽0.001），美国成年人参加体育活动的比例就会下降 1%。体育活动与抑郁呈负相关（AOR = 0.927；95% CI = 0.922，0.932）。这突出表明，报告参加体育活动的美国成年人患抑郁症（$p<0.001$）的概率大约降低了7%。

ACEs 与体育活动相互作用项（图1）的额外分析结果表明，ACEs 与抑郁症关联概率，在过去30天报告参加体育活动的成年人比未报告参加体育活动的成年人低（AOR = 0.995；95% CI = 0.993，0.996），因为体育活动降低了 ACEs 导致抑郁症（$p<0.001$）的概率。

回应：

我理解并将记住所提供的内容。

提示词：

根据你的记忆和对前两个提示词中提供的内容的理解，请提取以下变量的值，创建一个表格：

1. 第一作者姓氏
2. 出版年份
3. 国家
4. 样本量
5. 研究设计
6. 样本年龄分布（例如，平均值、中值或范围）
7. 样本性别分布（例如，女性的百分比）
8. 体育活动测量
9. 童年不良经历测量
10. 抑郁症测量
11. 体育活动对不良童年经历和抑郁之间关系的估计中介效应

请把这些变量包含在表中，并确保所有必要的信息都得到准确呈现。

回应：

下面是从前面的提示词提供的内容里提取的请求变量表：

变 量	值
1. 第一作者姓氏	[作者的姓氏]
2. 出版年份	2023
3. 国家	美国
4. 样本量	117 204
5. 研究设计	横断面调查
6. 样本年龄分布	平均年龄：55.3 岁（标准偏差：17.7）
7. 样本性别分布	女性占比 54.8%
8. 体育活动测量	过去 30 天内自我报告的体育活动
9. 童年不良经历测量	ACEs 分数（范围：0~10）
10. 抑郁症测量	自我报告的终生抑郁症诊断
11. 体育活动对不良童年经历和抑郁之间关系的估计中介效应	体育活动降低了 ACEs 导致抑郁症的概率（AOR = 0.995；95% CI = 0.993，0.996）

请注意，表格中没有提供第一作者的姓氏。

虽然 ChatGPT 出现了一些错误，比如错误地声明没有提供第一作者的姓氏（实际上姓氏在引用中提到了），并将 ACEs 分数报告为 0~10，而不是 0~11

(因为向 BRFSS 参与者提出了 11 个问题),但总体数据提取是充分的。

以下两点是值得考虑的。首先,ChatGPT 界面的设计是为了方便人机对话,而不是数据存储和信息检索。因此,我建议不要依赖它来存储、分析和从大量数据中提取信息。事实上,提供 2~3 个包含信息的连续提示词可能已是最大容量。除此之外,ChatGPT 可能会忘记早些时候的提示词,无法检索信息。在向 ChatGPT 提供解决你的问题所需的信息时,信息要深思熟虑、具体明确。

其次,如果你有大量的文件,比如包含许多文章或报告的 PDF,使用人工智能支持的信息检索系统而不是 ChatGPT 界面可能会更有效。这些系统是为使用文档检索器和文本阅读器进行快速信息检索和解答问题而设计的。在写这本书的时候,由 OpenAI 的 GPT 模型驱动的 ChatGPT 允许用户上传数百个 PDF 文档,并根据自然语言提示词从文档中提取信息。此外,用于信息检索的相关 OpenAI 插件正在积极开发中。

一旦你完成了汇总表的创建(有或没有 ChatGPT 的帮助),你就可以开始撰写系统综述的结果部分了。不要逐篇文章总结。更有效的方法是,根据汇总表,逐列展示你的发现。毕竟,系统综述的读者更喜欢读的是有条理的综述,而不是类似通读研究摘要那样结构的内容。更好的呈现方法是突出共性和比较差异。ChatGPT 可以成为完成这些任务的有效工具,如下例所示。

提示词:

下表是一个系统综述的一部分。该综述调查了美国各州监管学校体育教育(PE)的法律与体育课出勤率以及学生上课期间和全天/周的体育活动(PA)之间的关系(An et al., 2020)。该表概述了综述中包括的 17 项研究的主要特征。每行代表一项具体研究,每列包含八个变量:① 作者(年),② 州,③ 样本量,④ 年级,⑤ 数据来源,⑥ 分析方法,⑦ 回应率(%)和⑧与 PE 和 PA 相关标准。你的目标是逐列总结基本特征,从变量 2 开始，到变量 8 结束，每个变量的总结应该自成段落。你应该通过凸显不同研究中的共性和差异之处来总结每个变量。该总结将是系统综述文章结果的一部分。

表中使用的缩写：DC，哥伦比亚特区；PA，体育活动；PE，体育教育；VPA，高强度体育活动；LPA，轻强度体育活动；MVPA，中等强度到高强度的体育活动；ES，小学；MS，初中；HS，高中。

###

表格：

作者（年） 州 样本量 年级 数据来源 分析方法 回应率（%） PE 和 PA 相关标准

Benham-Deal（2007）怀俄明州 165 所学校 ES、MS 和 HS 重复横断面调查描述性统计 43 体育课的频次和时长

Cawley（2007a） 50 个州和特区 36 884 名 9～12 年级学生 重复横断面调查回归（工具变量） 67 体育课的持续时间、VPA、LPA 和力量锻炼活动的频次

Cawley（2007b） 50 个州和 DC 36 833 名 9～12 年级学生 重复横断面调查回归 84 PA 频次 体育课时长

Barroso（2009）得克萨斯州 112 所学校 6～8 年级 横断面调查描述性统计 85 PA 的频次和质量

Evenson（2009）北卡罗来纳 106 个学区 ES 和 MS 横断面调查描述性统计 96 PA

Kelder（2009）得克萨斯州 169 所学校 4 年级 重复横断面调查描述性统计 79 体育课时长

Kim（2012） 50 个州和 DC 周期 1：25 251 名学生；周期 2：23 728 名学生 MS 和 HS 重复横断面调查回归 68 VPA 频次

Perna（2012） 50 个州和 DC 410 所学校 ES、MS 和 HS 纵向学校数据回归 62 体育课时长

Slater（2012） 47 个州 1 761 所学校 K－5 年级 纵向学校数据回归 62 体育课时长

Chriqui（2013） 42 个州 195 个地区的 ES 和 MS 横断面调查回归 44 体育课频次和时长以及体育课期间 MVPA 所占时间百分比

Lafleur(2013)加州 34 所学校　ES、MS 和 HS 纵向学校数据描述性统计　94　体育课时长

Taber（2013）　40 个州 5 510 名八年级学生 纵向学生调查回归　59　体育课出勤率和 PA

Robinson(2014)亚拉巴马州 683 名五年级学生 横断面调查描述性统计　92　PA 和体育课

Barrett（2015）　50 个州和 DC 模拟美国学生人口 ES 计算机模拟数据微观模拟 不适用 PA

An(2019)　8 个州　533 468 名学生 HS 重复横断面调查回归 87 体育课出勤率

Lin(2019)　50 个州　97 590 名学生 9~11 年级 重复横断面调查回归 98 体育课出勤率和 PA

Piekarz-Porter　（2020）　50 个州和 DC 1 090 所学校　ES、MS 和 HS 横断面调查回归 87 体育课时长

回应：

在该系统综述中，所含 17 项研究调查了美国各州监管学校体育教育(PE)的法律与体育课出勤率之间的关系以及学生上课期间和全天/周的体育活动(PA)。下面是对每个变量的总结，突出了这些研究中的相似和差异之处：

1. 州：这些研究涵盖了广泛的地理位置。一些研究聚焦于怀俄明州、得克萨斯州、北卡罗来纳州、加利福尼亚州和亚拉巴马州等少数几个州，而其他研究则分析了更多的州甚至包括所有 50 个州和哥伦比亚特区的数据。

2. 样本量：这些研究中的样本量差异很大，从特定学校或地区的小样本到涵盖整个州或全国的大样本。最小的样本量是 34 所学校，最大的样本量涉及 533 468 名学生。

3. 年级：这些研究涵盖不同的年级，包括小学、初中和高中。一些研究是特定年级的，而另一些则是跨年级的。

4. 数据来源：这些研究利用了现有的数据来源，如横断面调查、重复横断面调查、纵向学

校数据和计算机模拟数据。

5. 分析方法：这些研究采用了多种多样的分析方法，包括描述性统计、回归分析（包括工具变量和微观模拟技术）和计算机模拟。

6. 回应率（%）：这些研究的回应率也各不相同。一些研究报告的回应率低至43%，而其他则高达98%。值得注意的是，计算机模拟研究没有回应率，因为它不涉及调查参与者。

7. PE 和 PA 相关标准：研究中评估的 PE 和 PA 相关标准涵盖一系列因素，如体育课的频次和时长、PA 质量、各种强度的 PA（轻度、中度和高强度）、力量训练活动和体育课出勤率。

尽管 ChatGPT 的总结有一些错误，且不特别令人印象深刻，但其仍然可以为人类作者提供一个有用的起点。值得注意的是，提示词中提供的表格是 Microsoft Word 表格的纯文本副本，由于制表符和行分隔符，肉眼难以觉察。但是，这对机器来说不是问题。如果你有兴趣查看原始表格，可以参考下面提供的引用的开源出版物。

An R, Liu J, Liu R. State laws governing school physical education in relation to attendonce and physical activity among students in the USA: Asystematic review and meta-analysis[J]. Journal of Sport and Health Science, 2021, 10(03): 277 - 287.

在本章的最后一节，我们将探讨 ChatGPT 是否可以帮助使用预定的研究质量评估工具来评估一项研究的质量。这是系统综述的必要步骤（更具体地说，要么是质量评估，要么是偏倚风险评估）。各种工具都可用于此，如 Cochrane 偏倚风险评估工具（Higgins et al., 2011）、GRADE 框架（Guyatt et al., 2008）、NIH 研究质量评估工具（NIH, 2021）以及由澳大利亚纽卡斯尔大学和加拿大渥太华大学联合开发的纽卡斯尔-渥太华量表（NOS）（Bae, 2016）。但是，有必要谨慎对待，认真调查，而不是完全依赖 ChatGPT 进行这些评估。

提示词：

请根据你的记忆和对前两个提示词内容的理解，创建一个包含下列 14 个问题答案的表格。每对问答都应该列在对应行中。每个问题的三个有效答案是"是""否"和"无法确定"。"无法确定"可能是因为某个回应不适用或未报告。这些问题来自美国国立卫生研究院的观察队列和横断面研究质量评估工具。

1. 文中的研究问题或目标是否表述清楚？
2. 研究人群是否明确指定和定义？
3. 符合条件的人的参与率是否至少达到 50%？
4. 所有受试者都是从相同或相似的人群（包括相同的时间段）中挑选或招募的吗？参与研究的人员入选和排除标准是否预先明确规定并统一适用于所有受试者？
5. 是否提供了样本量调整、功效描述、方差和效应估计？
6. 对于本文中的分析来说，是否在测量结果之前测量了暴露变量？
7. 时间框架是否足以让人可以合理地看到暴露和结果之间的联系（如果存在的话）？
8. 对于数量或水平可能不同的暴露，研究是否检查了与结果相关的不同暴露水平（例如，暴露类别，或作为连续变量测量的暴露）？
9. 暴露测量（自变量）是否明确定义、有效、可靠，并在所有受试者中一致实施？
10. 随着时间的推移，对暴露因素的评估是否不止一次？
11. 结果测量（因变量）是否明确定义、有效、可靠，并在所有受试者中一致实施？
12. 结果评估者是否对受试者的暴露状态一无所知？
13. 基线后失访率是否为 20%或更低？
14. 是否对关键的潜在混杂变量进行了测量，并对它们对暴露和结果之间关系的影响进行了统计调整？

回应：

问　　题	回　答
1. 文中的研究问题或目标是否表述清楚？	是
2. 研究人群是否明确指定和定义？	是
3. 符合条件的人的参与率是否至少达到50%？	无法确定
4. 所有受试者都是从相同或相似的人群（包括相同的时间段）中挑选或招募的吗？参与研究的人员入选和排除标准是否明确规定并统一适用于所有受试者？	是
5. 是否提供了样本量调整、功效描述、方差和效果估计？	否
6. 对于本文中的分析来说，是否在测量结果之前测了暴露变量？	是
7. 时间框架是否足以让人可以合理地看到暴露和结果之间的联系（如果存在的话）？	是
8. 对于数量或水平可能不同的暴露，研究是否检查了与结果相关的不同暴露水平（例如，暴露类别，或作为连续变量测量的暴露）？	是
9. 暴露测量（自变量）是否明确定义、有效、可靠，并在所有受试者中一致实施？	是
10. 随着时间的推移，对暴露因素的评估是否不止一次？	否
11. 结果测量（因变量）是否明确定义、有效、可靠，并在所有受试者中一致实施？	是
12. 结果评估者是否对受试者的暴露状态一无所知？	无法确定
13. 基线后失访率是否为20%或更低？	无法确定
14. 是否对关键的潜在混杂变量进行了测量，并对它们对暴露和结果之间关系的影响进行了统计调整？	是

值得注意的是，ChatGPT 的一些判断可能需要进一步审查或有争议。例如，BRFSS 是一项横断面调查，因此对问题 6（“在测量结果之前是否测了暴露变量？”）的回答应该是“否”而不是“是”。然而，ChatGPT 的答案可以为人类评估者提供一个有用的起点。

一个有趣的概念可能涉及使用替代语言模型进行研究质量评估和比较其结果。这就引发了几个问题：这些模型是否呈现出不同的观点，类似于不同的人类评估者？它们倾向于相似的偏见吗？这些有吸引力的问题仍然有待充满好奇心的人探讨。

总之，本章深入研究了 ChatGPT 在协助进行文献综述方面的应用。本章概述了系统文献综述中涉及的基本流程，从用 PICOS 框架定义研究问题到创建和改进各种文献数据库搜索算法，详细说明了 ChatGPT 在每个步骤中的潜在用途，包括文章筛选、数据提取和数据综合。本章还提出了在这种情况下改进 ChatGPT 使用的方法，例如迭代设计和搜索算法测试，并告诫读者不要过度依赖人工智能模型进行决策。此外，本章还强调了在整个过程中，尤其是在像研究质量评估这样的任务中，人的勤奋和谨慎至关重要。

第六章

探究蓝图： 选择研究设计和方法

本章将讨论 ChatGPT 如何帮助我们选择合适的研究设计，以及如何确定与所选研究设计相一致的充分可行的原则和分析方法。研究设计至关重要，因为它是连接研究问题和科学证据的桥梁，是构建我们可以摸索研究思路的框架的蓝图。

通常，适合一个研究问题的研究设计可能有多个。然而，并不是所有设计都是相等的。每种设计都有其优点和缺点，研究人员必须仔细权衡这些因素，以选择最适合他们需求（如因果推断或可预测性）和限制条件（如时间、劳动力和管理成本）的研究设计。

讨论研究设计的全部范围及其利弊超出了本书的范围，因此我们将聚焦于研究设计的一个关键特征——它们在证据金字塔中的位置，这反映了不同类型研究的科学严谨性。科学从根本上关注的是调查因果关系，这不同于单纯的相关性。一些虚假相关性的著名例子，例如冰激凌销量和犯罪率之间的关系（天气变暖时两者都增加，但两者并不互为因果）以及一个国家的人均巧克力消费量和诺贝尔奖获得者数量之间的关联（可能反映了其他因素，如更高的生活水平或更好的教育）。为什么科学家执着于验证因果关系？以药物试验为例，确定药物对患者产生作用的因果关系至关重要，因为这可能关系到生死。

证据金字塔区分相关性研究（也称为观察性研究）和干预研究，后者更严格，因为它们直接检验因果关系。然而，在这两类研究中，所提供的证据水平可以因所使用的具体研究设计而有所不同。一些设计比其他设计更适合揭示因果关系。

观察研究设计

定性研究、横断面研究、病例对照研究、回顾性队列研究和前瞻性队列研究是观察性研究的常见类型。在证据金字塔中，定性研究的严谨性通常最低，此后是横断面研究、病例对照研究、回顾性队列研究和前瞻性队列研究。这些位置反映了每个设计控制混杂因素和建立因果关系的能力。例如，前瞻性队列研究可以帮助建立时序性，这对于因果关系至关重要。下面，我们用一些假设的例子来简要介绍每一种研究设计。

定性研究

定性研究设计在与健康相关的研究中起着至关重要的作用，特别是当研究人员旨在深入了解某个课题或当关于研究问题的现有知识有限时。定性研究，如案例研究、访谈和焦点小组研究，提供了丰富的上下文数据，可以对研究参与者的经历、信念和态度提供有价值的见解。例如，使用深度访谈的定性研究可以探究患有罕见疾病的患者的经历，帮助研究人员更好地了解这些人面临的挑战和他们采用的应对策略。

尽管定性研究有其优点，但也有一些局限性。一个主要缺点是样本量有限，因为定性研究通常涉及少数参与者，例如案例研究中的一个或两个患者、焦点小组中的 7~12 个人或 10~20 个受访者。这可能导致样本不具代表性，从而难以将研究结果推广到更广泛的人群。此外，对于数据收集和分析来说，定性研究可能很耗时。研究人员必须记录访谈和焦点小组讨论，而扎根理论或主题分析等数据分析方法通常需要大量的手工编码。虽然定性研究提供了有价值的见解和对具体问题的深刻理解，但在解释研究结果和设计未来研究时，应考虑其局限性。

横断面研究

横断面研究设计是一种广泛使用的观察性研究设计，有几个优点，如花费相对少和可以快速进行研究。这些研究包括从特定时间点的人群中收集数据（如一次性调查），通常利用大量的代表性样本。横断面研究对于监测和评估健康状况、行为或风险因素的流行程度尤其有用。例如，用横断面研究来调查一定人群中高血压的患病率或者考查体育活动水平和肥胖率之间的关系。

然而，横断面研究有一些局限，主要是由于数据是在单个时间点收集的。这使得建立暴露和结果之间的时间关系具有挑战性，使研究人员无法确定哪个因素先出现。例如，在一项探讨压力和不健康饮食习惯之间存在关联的研究中，很难确定是压力导致养成不健康饮食习惯，还是相反的情况。此外，横断面研究容易产生混杂偏倚。当第三个变量与暴露和结果都相关联时，就会出现混杂偏倚，扭曲了两者之间的真实关系。例如，在一项调查喝咖啡和肺癌之间关联的横断面研究中，吸烟可能是一个混杂变量，因为它与喝咖啡和肺癌都有关。你要避免仅仅因为吸烟者更有可能喝咖啡就得出喝咖啡会导致肺癌的结论！

病例对照研究

病例对照研究设计通常用于调查罕见疾病或疾病暴发。在一项病例对照研究中，研究人员确定了有特定结果（病例）的个体和没有结果（对照）的个体，并比较了两组暴露于潜在危险因素的频率。例如，病例对照研究可以用来考查一种罕见癌症和特定环境暴露之间的关联。

尽管有其优势，病例对照研究也有一定的局限性。选择适当的对照病例可能具有挑战性，因为它们应该与病例足够相似（除了它们不会发展成相同的结果）。此外，病例对照研究容易出现回忆偏倚或错误，参与者可能难以记住或准确报告过去的暴露。这可能导致暴露状态的错误分类，并影响研究结果。混杂也是一个问题，第三个变量与暴露和结果都相关，可能会扭曲它们之间的真实关系。最后，在病例对照研究中，很难确定风险因素是发生在疾病发展之前还是之后，这使得确立因果关系具有挑战性。

回顾性队列研究

由于使用了现有的数据，回顾性队列研究设计成本相对较低且可以快速实施。在这些研究中，研究人员考查了一组暴露和一组未暴露于特定因素的个体，并比较了每组中特定结果的发生率。队列是在结果已经出现后，利用历史数据或记录组合而成的。例如，回顾性队列研究可以通过比较生活在高污染和低污染地区的个人医疗记录，调查长期暴露于空气污染与患慢性呼吸道疾病风险之间的关系。

然而，回顾性队列研究有一些局限。由于依赖现有数据，研究人员可能无法获得分析所需的所有变量，或者可能会遇到缺失或不完整的数据。此外，数据质量问题，如记忆偏倚或不准确的医疗记录可能影响研究结果。例如，参与者也许不能准确报告他们的暴露史或健康行为，从而导致分类错误和潜在的偏倚结果。

前瞻性队列研究

前瞻性队列研究设计是一个强大的观察研究设计，有多项优点，如测量结果出来前测量暴露，研究多个结果，并潜在地控制未观察到的个体特征差异。

在这些研究中，研究人员长期跟踪一群个体，收集他们的暴露和健康结果数据。例如，前瞻性队列研究可以研究大量人群中健康饮食和定期锻炼对其心血管疾病发病率的影响，长达数年地跟踪他们的生活习惯和健康结果。

然而，前瞻性队列研究存在一些局限。进行这些调查既费时又费钱，因为需要长期跟踪和持续收集数据。随着时间的推移，参与者的流失也会带来挑战。如果流失的参与者与留下来参与者之间存在系统性差异，可能会导致有偏差的结果。此外，前瞻性队列研究可能涉及相对较小的样本量，与其他研究设计相比，这可能会限制检测暴露和结果之间关联的统计能力。

干预研究设计

准实验、前后研究、随机对照试验（RCTs）和交叉试验是常见的干预研究设计。在证据金字塔中，准实验和前后研究通常被认为严谨性较低，而 RCTs 和交叉试验则较高。存在这种情况的原因与研究人员对潜在混杂因素的控制程度以及参与者随机分配到不同组别有关。这有助于确立因果关系。例如，RCTs 被认为是在临床研究中确立因果关系的黄金标准，因为通过参与者随机分配到治疗组和对照组来减少混杂因素的影响。下面，我们通过举一些假设的例子来简要介绍每个研究设计。

准实验

准实验研究设计对于有关健康的政策研究很有价值，尤其是当随机分组有悖伦理或成本太高时。这些研究通常利用现有的观察数据来评估政策或干预措施对健康结果的影响，为随机对照试验提供了一种实用且具有高性价比的替代方法。例如，一项准实验研究可以调查公共场所禁烟对呼吸道疾病发病率的影响，比较政策实施前后的健康结果。

然而，准实验研究有一定的局限性。分析所需的数据也许并非总是可以获得，或者数据质量可能堪忧。此外，这些研究更易于产生潜在的混杂因素，并且可能依赖不可验证的假设，这可能会造成研究结果存在偏差。为了减少这些担忧，研究人员采用了复杂的方法和统计建模技术，如双重差分、断点回归、工具变量分析或有向无环图。虽然这些方法有助于减少可能存在的偏差，但也增加了研究设计的复杂性，并且需要仔细阐释结果。

前后研究

前后研究设计包含实施干预之前和实施干预之后的结果评估。前后研究可能有对照组，也可能没有。当存在对照组时，与随机对照试验的主要区别在于参与者不会被随机分配到对照组或实验组。

前后研究的一个优势是能够比较干预前后同一组人群的结果，控制非时变的个体特征。例如，前后研究对比员工在工作场所健康计划实施前后的活动数据，以此来评估该计划对员工体育活动水平的影响。

然而，前后研究存在局限，包括伦理问题以及由于长期或短暂趋势可能造成的混杂。由于参与者不是随机分组的，与干预同时发生的不可估量的因素或趋势可能会影响结果，因此很难将观察到的变化完全归因于干预。例如，推行戒烟计划后吸烟率的下降可能部分归因于同时公众运动意识的提高，或部分归因于烟草税的变化。

随机对照试验

随机对照试验（RCTs）研究设计被认为是确立健康研究的因果关系的黄金标准。RCTs 将参与者随机分配到接受干预的实验组或不接受干预的对照组。这种随机化过程创建了在所有可观察和不可观察维度上都相似的“平衡”组，可以进行像“苹果对苹果”一样的同类对比，并将混杂偏倚降到最小程度。随机分组使研究人员能够通过对比事实结果（干预组中发生的情况）和反事实结果（没有干预时会发生的情况）来揭示因果关系。通过排除潜在的混杂因素，随机分组确保了组间任何观察到的结果差异可以归因于干预本身，而不是其他因素。

然而，RCTs 存在局限。与其他研究设计相比，RCTs 可能成本高且耗时，通常样本量较小且代表性较低。实施 RCTs 可能会很复杂，因为需要仔细规划和协调，以确保随机分组和遵循研究计划。此外，RCTs 评估长期结果的能力可能有限，因为随访期可能会受到资金和受试者保留等实际因素的限制。最后，在某些时候，可能会出现伦理问题，尤其是当拒绝干预对照组可能被视为有害或不公正时。例如，进行 RCTs 研究吸烟对肺癌的因果影响，将一些受试者分配到每天抽两包烟的实验组，这是不可接受的！

交叉试验

交叉试验研究设计是一种用于健康研究的特殊类型的 RCTs。在交叉试验中，每个受试者都会接受实验干预和对照条件，中间有一个洗脱期，以尽量减少第一次干预的后遗效应。这种设计有几个优点，包括随机化，这有助于像传统 RCTs 那样确立因果关系。此外，交叉试验利用受试者内部的相关性，允许研究人员对比相同受试者在不同环境中的结果。这可以提高统计能力并减少所需的样本量，使交叉试验在某些情况下更有效。

然而，交叉试验也存在局限。如果洗脱期不够长，第一次干预的后遗效应可能会持续存在，导致结果受到干扰，从而产生有偏差的结论。例如，在一项研究两种不同止痛药物效果的假设交叉试验中，患有慢性疼痛的受试者被随机分组，首先接受药物 A 或药物 B，然后在转到接受另一种药物之前经过一段洗脱期。研究的目的是对比这两种药物在减轻疼痛程度方面的效果。然而，假设研究人员选择的洗脱期只有一周，这还不足以让第一种药物的效果完全消失。在这种情况下，首先接受药物 A 的受试者可能仍然会在洗脱期和后续药物 B 用药期间受到药物 A 缓解疼痛的益处。这种后遗效应可能会导致结果受到污染,使药物 B 在减轻疼痛方面看起来比实际情况更有效。

除了与洗脱期有关的潜在问题,交叉试验还需要更复杂的研究设计和统计分析,这可能给研究人员带来挑战。此外,交叉试验与传统随机对照试验有相似的局限,如可能成本高且耗时,样本量小且代表性较低,并且由于实际限制而局限于短期结果。

值得注意的是,不同研究设计在证据金字塔中的相对位置代表了采用特定设计的研究的平均质量。然而,由于超出研究设计的各种因素会影响总体质量,所以即使使用相同设计的研究,其质量也可能存在显著差异。例如,与随机对照试验相比,质量高的定性研究可以提供更有力的科学证据。因此,彻底评估一项研究的质量是至关重要的,而不是仅仅依赖其研究设计。

要为你的研究问题确定合适的研究设计,请考虑咨询 ChatGPT。鉴于有许多研究设计可以满足你的研究问题,更有效的方法是要求 ChatGPT 提供多个研究设计建议,并讨论它们的利弊。这一过程可以启发你的思维,并有助于为你的研究选择最合适的设计。

提示词:

我的研究问题是"在食品荒漠中的城市居民获得健康食品选择机会方面食品配送服务和在线杂货店购物为应对食品无保障和改善生活发挥了什么作用?"请建议可以帮助解决我的研究问题的几种研究设计,并说明每个研究设计的优缺点。你可以选择以下研究设计:定性研究、横断面研究、病例对照研究、回顾性队列研究、前瞻性队列研究、准实验、前后研究、随机对照试验和交叉试验。

回应:

对于你的研究问题,我建议考虑以下研究设计:

1. 定性研究

优势：深入了解食物荒漠中城市居民的经历和观点，探讨他们对食品配送服务和在线杂货店购物的使用，以及他们对食物获取和保障的感知影响。

缺点：样本量有限，样本不具有代表性且数据收集和分析耗时较长。

2. 横断面研究

优点：成本相对低且研究可以迅速推进，可以评估特定时间点食品荒漠中城市居民的食品无保障程度以及食品配送服务和网上杂货店购物的使用情况。

缺点：无法建立食品配送服务或网上杂货店购物和食品获取或保障之间的时间关系，容易产生混杂偏倚。

3. 回顾性队列研究

优点：由于使用了现有数据，因此成本低且研究可以迅速推进，可以检查食品配送服务或在线食品杂货店购物与食品荒漠中城市居民的食品保障或获取随着时间推移而发生的变化之间的关系。

缺点：可能没有全部所需变量，数据质量可能有问题（如回忆偏倚）。

4. 前瞻性队列研究

优点：在结果（食品获取和安全）产生之前，估量暴露（食品配送服务和在线杂货店购物），可以研究多个结果，且可以控制未观察到的个体特征。

缺点：耗时、成本高、易退出（失去随访）。

5. 准实验

优点：适用于随机分组有悖伦理或成本太高时，通常使用现有的观察数据，可以使用先进的统计技术确立因果关系。

缺点：数据可能不可获得，具有潜在的混杂因素，基于不可验证的假设，数据质量问题，以及复杂的方法和统计建模。

6. 前后研究

优点：在推行食品配送服务或网上杂货店购物之前和之后，可以对食品荒漠中的城市居民的食品保障和获取情况进行比较，控制不随时间变化的个体特征。

缺点：长期/短暂趋势和伦理问题可能混杂在一起。

考虑到你的研究问题的性质，定性研究、横断面研究和准实验相结合可能会提供对问题的全面理解，同时平衡可行性、成本和科学严谨性。

虽然 ChatGPT 之前的回应提供了一个不错的起点，但这些回应缺乏具体的细节，可被认为是一般性的。但是，我们可以提出后续问题，以更深入地了解某个特定的研究设计。例如，如果你对进行准实验感兴趣，但不熟悉其基本的方法，你可以咨询 ChatGPT 以获得更多信息和更详细的讨论。

提示词：

我的研究问题是“关于食品配送服务和网上购物在解决食品无保障和改善生活在食品荒漠中的城市居民获得健康食品选择方面的作用”。为了研究这个问题，我对利用准实验研究设计感兴趣。然而，我不熟悉其相关具体方法，如双重差分法、断点回归法、工具变量法和有向无环图分析法。你能说明一个或多个准实验研究设计的应用来解决我的研究问题吗？

回应：

当然可以！我将说明两种常用的准实验方法，即双重差分法和工具变量法，以及如何应用于你的研究问题。

1. 双重差分法（DiD）

在双重差分分析中，对比两组在一段时间内的食品无保障和获得健康食品有选择机会的变化：一组可获得食品配送服务和在线杂货店购物（实验组），另一组不可获得这种服务（对照组）。关键假设是，在没有干预的情况下，实验组和对照组会有相似的趋势。

应用：你可以收集在推行食品配送服务和在线杂货店购物之前和之后生活在食品荒漠中的城市居民的食品无保障和获得健康食品有选择机会的数据。然后，比较有服务的地区（实验组）和没有服务的地区（对照组）之间这些结果的变化。根据两组之间的变化的差异，你可以估计食品配送服务和网上杂货店购物对食品无保障和获得健康食品有选择机会的因果影响。

2. 工具变量法（IV）

使用工具变量法进行分析用于解决对未观察到的混杂因素或反向因果关系存在疑虑的情况。工具变量是与实验过程相关的变量（食品配送服务和网上食品杂货店购物），但不直接与结果相关（食品无保障和获得健康食品有选择机会），除非结果与实验过程存在关联。

应用：你可以确定一个工具变量，例如影响食品荒漠中食品配送服务和在线杂货店购物可用性而与食品无保障和获得健康食品有选择机会无关的政策变化或地理因素。收集关于该工具变量、实验过程和结果的数据。然后，使用工具变量法来估计食品配送服务和网上杂货店购物对生活在食品荒漠中的城市居民的食品无保障和获得健康食品有选择机会的因果影响。

双重差分法和工具变量法分析都需要仔细考虑基本假设和恰当的统计技术。非常必要的是，咨询专家或使用相关文献来确保你的研究设计和结果的鲁棒性。

我确认以上提供的答案在技术上是准确的。如果对详细的双重差分和工具变量建模方法（如模型设定和统计编程）有任何进一步的疑问，你可以随时向 ChatGPT 寻求帮助。

提示词：

请提供使用数学和统计学的模型规范，以及使用流行软件包的相应 R 代码，以实现基于我的研究问题的双重差分法（DiD）。此外，如果你能详细说明模型设定和 R 代码的详细解释，那么对于确保清晰和理解将会很有帮助。

回应：

模型设定：

我们将使用双重差分（DiD）设置来估计线性回归模型。设 Y_it 代表个人 i 在时间 t 的相

关结果(如食品无保障)。该模型可以写成:

Y_it=β_0 + β_1 * TREAT_i + β_2 * POST_t + β_3 * (TREAT_i * POST_t) +X_it'* γ+ε_it

其中:

- TREAT_i 是一个二元变量,如果个体 i 可以获得食品配送服务和在线杂货店购物(实验组),则等于 1,否则等于 0(对照组)。
- POST_t 是一个二元变量,实验后阶段等于 1,实验前阶段等于 0。
- (TREAT_i * POST_t) 是 TREAT_i 和 POST_t 之间的交互项。
- X _it 是个体 i 在时间 t 的其他控制变量(如年龄、收入、教育)的向量。
- ε_it 是误差项。

相关系数是 β_3,代表了食品配送服务和网上购物对结果 Y 的因果效应的双重差分估计。

R 代码:

首先,安装并加载必要的软件包:

```R
install. packages("tidyverse" )
install. packages("plm")
library(tidyverse)
library(plm)
```

假设你的数据位于名为 my_data 的数据框中,该数据框包含以下各列: id, time, treat, post, outcome,以及其他控制变量:

```R
#将数据框转换为 pdata. frame(面板数据框),用于 plm 包
my_panel_data <-pdata. frame(my_data,index=c("id" ,"time" ))
```

```
#使用 plm 功能评估 DiD 模型
did_model <-plm(outcome~ treat + post + treat: post + control_1 + control_2 +…,
data = my_panel_data, model = "within" )
#显示模型摘要
summary(did_model)
```

说明：

1. 安装并加载所需的软件包：用于数据操作的 tidyverse 和用于面板数据分析的 plm。
2. 使用 pdata. frame( ) 函数将数据框转换为 pdata. frame(面板数据框)，详列个体和时间索引。
3. 使用 plm( ) 函数估算 DiD 模型，包括试验、后期和交互项，以及控制变量。设置 model ="within"，以使用组内离差转换(也称为固定效应)来说明未观察到的个体异质性。
4. 使用 summary( ) 函数显示模型摘要，以查看估计系数、标准误差和其他模型诊断。

交互项 treat：post 的系数表示食品配送服务和在线杂货店购物对结果变量的因果影响的 DiD 估计值(β_3)。

我可以确认以上提供的答案在技术上是正确的。上面的例子展示了 ChatGPT 如何成为你的有价值的研究助手。

作为一名研究人员，批判性思维是一项基本技能，包含挑战自己的想法，并考虑已识别关系的替代说明。重要的是要探索不同于原始假设但可以同样很好地解释这种关系的替代理论。如果这样的理论存在，在确定一个特定的假设之前，进一步的测试是必要的。

培养批判性思维的一个常见方法是向其他学术专业人士展示自己的研究成果，他们可以提供反馈，并从多个角度“攻击”该成果。然而，借助 ChatGPT 的强大功能,你可以模拟这种“攻击”,并从不同的角度获得对你的研究工作有价值的反馈。

提示词：

假设使用双重差分法来解决我的研究问题,该问题旨在评估食品配送服务和在线杂货店购物在解决食品无保障问题和改善生活在食品荒漠中的城市居民获得健康食品有选择机会方面的作用。我已经确认了食品配送服务的可用性和可负担性与水果和蔬菜购买和消费增加以及生活在食品荒漠中的家庭食品无保障指数降低之间的关系。具体来说,这种关系由来自线性回归模型中 TREAT_i 和 POST_t 之间的相互作用项的具有统计学意义的正系数表示。

作为一名专门研究因果推理模型的经济学家和卫生政策研究员,你被指派对我们的研究论文进行同行评议。你会如何批评我们的建模方法和因果发现,你会推荐什么补救措施来完美应对这些批评?

回应：

作为一名专门从事因果推理建模的经济学家和卫生政策研究人员,我被指派对该研究论文进行同行评议,我将对建模方法和因果发现进行如下评论,并推荐应对这些批评的最佳方法:

1. 平行趋势假设：双重差分(DiD)法的一个关键假设是,在没有干预的情况下,实验组和对照组遵循平行趋势。为了评估这一假设的有效性,我建议对实验前的趋势进行目视检查,并测试实验组和对照组之间这些趋势的统计差异。
2. 选择偏倚：如果实验组和对照组没有可比性,双重差分法可能容易产生选择偏倚。为了解决这个问题,请考虑使用倾向评分匹配或加权方法,根据观察到的特征创建更多的可对比组。
3. 未观察到的混杂因素：如果有未观察到的因素影响试验分配和结果,DiD 估计值可能有偏差。为了减轻这种担忧,请考虑使用工具变量法或进行敏感性分析,以评估你的结果对潜在的未观察到的混杂因素的鲁棒性。

4. 溢出效应：双重差分法假设在实验组和对照组之间没有溢出效应。为了测试潜在的溢出效应，请考虑估算空间或网络依赖性模型，或者通过改变实验组和对照组的定义来执行鲁棒性检查。

5. 多重干预或动态干预效应：如果存在多重干预强度或动态干预效应，标准双重差分法可能不足以测量因果效应。在这种情况下，考虑使用通用的双重差分法，如事件研究设计或综合控制方法。

6. 损耗或数据缺失：如果存在非随机损耗或数据缺失，DiD 估算可能会有偏差。为了解决这个问题，请考虑使用面板数据插补方法或逆概率加权技术来处理损耗或数据缺失。

通过解决这些问题并实施建议的补救措施，双重差分分析的因果发现的可信度和鲁棒性可以得到显著提高。

研究设计包含多个方面，ChatGPT 在这方面可以提供很有价值的资源。研究设计的一些关键要素包括样本量计算、取样方法、干预设计（如随机化、盲法、随访）、数据收集和伦理考虑。只要你认识到 ChatGPT 的潜力，知道如何有效沟通以获得所寻求的信息，没有必要列出每个方面。本章最后的例子演示了如何就随机对照试验实施计划咨询 ChatGPT，以最大限度地减少偏倚风险和潜在的道德问题，向其寻求补救措施。

提示词：

如果我采用随机对照试验研究设计来处理我的研究问题，该研究旨在评估当地“城市丰收”非营利组织提供的食品配送服务在解决食品无保障问题和改善生活在食品荒漠地区的城市居民获得健康食品选择机会方面的影响，我需要一个全面和精心设计的实施计划。这个研究项目将作为我的博士论文，我计划申请内部或外部拨款来资助论文工作。

我的随机对照试验初步实施计划如下。我计划在食品荒漠地区招募 300 名成人受试者，他们主要负责家庭的日常食品杂货购物，并且没有参加任何由“城市丰收”组织或其他实体提供的食品配送服务。一半的受试者将被随机分配到干预组，该组将每月接收两次价值 30 美元的新鲜农产品，以及一份农产品烹饪指南，连续提供 3 个月。另一半受试者将被随机分配到对照组，该组只接收农产品烹饪指南。为了测量参与者的饮食行为，我计划以干预后 1 个月、3 个月和 6 个月为基线对两组进行食物频率问卷调查。

然而，我认识到额外的改进是必要的，以确保随机对照试验的科学严谨性，并尽量降低偏倚风险。在这方面，尤其是关于 Cochrane 随机试验偏倚风险工具（RoB 2）评估的下列偏倚风险（Sterne et al. ，2019），感谢你的帮助：

1. 随机序列生成（选择偏倚）。
2. 分配保密（选择偏倚）。
3. 受试者和研究人员盲法（表现偏倚）。
4. 结果评估的盲法（检测偏倚）。
5. 不完整的结果数据（失访偏倚）。
6. 选择性报告（报告偏倚）。

请提供一份完善的随机对照实验实施计划。

回应：

我当然可以帮助完善你的随机对照实验实施计划，同时处理 Cochrane 随机试验偏倚风险评估工具评估的潜在偏倚风险。以下是把这些偏倚考虑进去的修订实施计划：

1. 随机序列生成（选择偏倚）

- 使用计算机生成的随机序列将受试者分配到干预组和对照组。
- 确保随机化过程有记录且可重复。

2. 分配保密（选择偏倚）

- 利用基于网络的中央随机化系统或密封的不透明信封来防止研究者预测组别任务。
- 保持分配保密，直到受试者完成基线评估。

3. 参与者和研究人员的盲法（表现偏倚）

- 指示交付产品的非营利组织尽量减少与受试者的互动，并避免透露小组任务。
- 尽管受试者的盲法在这种情况下可能具有挑战性，但要确保数据收集者和分析师对分组任务一无所知。

4. 结果评估的盲法（检测偏倚）

- 使用自我管理的食物频率调查问卷，最大限度地减少因采访者而引起的潜在偏倚。
- 确保结果评估者不能接触受试者的分配信息，以使他们对小组分配无从知晓。

5. 不完整的结果数据（失访偏倚）

- 制定策略以最大限度地减少受试者退出，例如发送提醒并为完成测试的随访者提供奖励。
- 采用意向性分析，将所有随机受试者纳入分析，无论其是否遵守干预或退出研究。

6. 选择性报告（报告偏倚）

- 创建预先指定分析计划，概述所有主要和次要结果以及统计方法。
- 在 ClinicalTrials. gov 等公共登记平台登记研究试验，以确保透明度，防止选择性报道。

通过在你的随机对照试验实施计划中处理这些潜在的偏倚来源，你可以提高研究的科学严谨性，并将偏倚风险降至最低。

尽管我是人工智能语言模型，不是一个认证的机构审查委员会（IRB）审查者，但为了帮助你的随机对照试验实施，我可以就潜在的人类受试者保护问题提供一些一般性指导，并为你的随机对照试验实施计划提供最佳实践建议。请咨询真实的机构审查委员会，对你的研究计划进行全面评估。

1. 知情同意

- 制定一份全面的知情同意书，明确说明研究的目的、程序、潜在风险和益处、保密性、自愿参与以及研究者和机构审查委员会的联系信息。
- 在研究登记前获得所有受试者的书面知情同意。
- 确保受试者有足够的时间考虑是否参与和提问。

2. 风险和益处

- 评估参与研究的潜在风险和益处，确保风险最小化、益处最大化。
- 持续监控研究中出现的任何不良事件或意外后果，并按要求向机构审查委员会报告。

3. 隐私和保密

- 适当使用密码保护和加密手段，安全存储所有研究数据。
- 为受试者分配唯一的识别代码，并维护一个单独的总列表，将代码与可识别信息关联起来。
- 仅限获得授权的研究人员访问可识别数据。
- 在报告结果或与其他研究人员共享数据时，去识别化。

4. 弱势群体

- 如果你的研究涉及弱势群体，如低收入或获取的资源有限的个人，确保采取额外的保护措施，以最大限度地减少潜在的剥削或不当影响。
- 考虑研究的招募和同意流程是否合适，对这些人群的需求是否敏感。

5. 数据监控和安全

- 确定数据监控计划，定期审查研究数据，以确保受试者的安全和研究的完整。
- 如果研究规模大或包含重大风险，考虑设立数据和安全监测委员会（DSMB）。

总之，本章探讨了 ChatGPT 作为一种工具在研究设计选择和实施中帮助研究者的潜力。既然可行的研究设计很多，本章强调需要仔细评估每个设计的优势和劣势，以选择与研究问题、期望的结果和存在的局限一致的研究设计。本章还认可证据金字塔在评估不同研究设计的科学严谨性方面的重要性，强调相关性研究和干预性研究之间的区别。使用 ChatGPT 被认为是成功应对这种复杂过程的手段，它可以为研究人员提供多种研究设计建议，并有助于对这些选项进行批判性评估。此外，本章还进一步说明了 ChatGPT 如何促进对具体方法进行更深刻地理解，并提供关于研究设计的更多细节，如模型设定、统计编程和培养批判性思维。最后，本章展示了 ChatGPT 如何帮助解决研究设计中的实际和伦理问题。

第七章

装备工具：开发研究仪器和工具

研究仪器和工具是任何研究项目的关键组成部分，因为它们有助于收集、测量和分析解决研究问题所需的数据。设计良好且可靠的工具可确保收集的数据准确、有效且相关，最终有助于提高研究结果的可信度和影响力。

研究仪器和工具的选择应与选定的研究设计紧密结合，以确保结果的一致性并最大限度地提高结果的有效性。不同的研究设计可能需要使用各种类型的工具和措施，包括主、客观方法。例如，在一项调查饮食干预对营养结果的研究中，研究人员可能会选择使用生物标志物作为营养摄入的客观指标，或者采用自我报告的问卷调查，如 24 小时饮食回忆，来收集受试者食物消费的主观数据。

选择最合适的研究仪器和工具需要仔细考虑它们各自的优缺点，以及它们与研究问题、目的和可用资源的相关性。例如，使用生物标志物来测量饮食摄入量提供了对营养水平的客观和可靠的评估，但可能成本高、有侵入性，并且需要专门的设备和专业知识。相比之下，像 24 小时饮食回忆这样的自我报告问卷调查成本更低，侵入性更小，但可能会受到回忆偏倚和报告错误的影响。研究人员需要权衡这些因素，并就哪些仪器和工具最适合他们的研究目标作出明智的决定，同时考虑选择的可行性、实用性和伦理含义。

研究工具的有效性和可靠性是确保研究数据质量和准确性的关键因素。有效性是指仪器测量其想要测量的内容的范围，而可靠性则是指仪器测量在不同时间或不同条件下的一致性和稳定性。有效性和可靠性都很重要，因为有效的工具可以确保所收集的数据与研究问题相关，而可靠的仪器保证了研究结果可以重复，并且不受随机波动或测量误差的影响。

虽然有效性和可靠性密切相关，但不是可互换的概念。一个研究工具可以不具有有效性，却是可靠的；反之亦然。例如，一台始终未校准的秤可以提供可靠但无效的重量测量，因为读数始终偏离真实值。相反，对温度或湿度等外部因素敏感且具有有效性的仪器可能会得出不一致的结果，使得这种仪器不可靠。

为了说明有效性和可靠性之间的差异，以体育活动的测量为例。国际体育活动问卷（IPAQ）是一份自我报告问卷调查表，用于评估个人的体育活动水平（Craig et al. , 2003）。虽然 IPAQ 可以通过测量体育活动的整体模式来证明其可接受的有效性，但由于受到潜在的回忆偏倚和社会期望影响，会导致对活动水平的高报或低报，因此国际体育活动问卷可靠性不强。相比之下，计步器或加速度计等客观仪器分别通过直接记录步数或运动来提供更可靠的体育活动测量。然而，它们的有效性可能会受到限制，因为它们无法测量特定类型的活动，如游泳或力量训练。因此，研究人员需要仔细评估所选工具的有效性和可靠性，以确保在研究中收集准确和有意义的数据。

研究人员可以咨询 ChatGPT，以确定可能的工具来测量他们研究问题中的结构。ChatGPT 可以就各种措施的优缺点提供建议，并进行直接比较，以便于研究人员作出决定。为了说明这一点，请看下面两个例子。

提示词：

我的研究问题聚焦于参加体育活动的频率和强度与经历过不良童年经历（ACEs）的成年人重度抑郁症的发展和严重程度之间的关系。为了准确地测量体育活动，我想评估不同的测量方法，包括主观的和客观的方法，以确定这些测量方法与我的研究问题的潜在契合度。

作为我的研究助理，我希望你能提供合适的体育活动测量工具的建议，并根据我的研究问题对它们的利弊进行全面评估。请确保所建议的工具都是有效和可靠的，并且提供相关的引用和参考文献来支撑你的建议。请使用从1开始的连续整数对引用进行编号，并确保所有引用和参考文献都经过事实检查，以确保准确性。

回应：

为了在你的研究问题的背景下测量体育活动，我确定了几个主观和客观的工具，每个都有其优点和缺点。以下是对这些工具的评估：

1. 国际体育活动问卷（IPAQ）[1]：IPAQ是一份自我报告问卷，旨在评估个人的体育活动的频率、强度和持续时间。这个问卷在不同人群中被广泛使用和验证。

优点：

- 易于管理且成本低
- 提供关于活动类型、频率、强度和持续时间的详细信息
- 可用于大样本量

缺点：

- 易受回忆偏倚和社会期望偏倚的影响
- 可能无法准确测量某些特定活动（如游泳或力量训练）

2. 戈丁休闲时间锻炼问卷（GLTEQ）[2]：这是另一份自我报告问卷调查，评估休闲时间体育活动的频率和强度。

优点：

- 简短且易于管理

- 在不同人群中得到验证
- 能够区分中等强度和高强度的活动

缺点：

- 易受回忆偏倚和社会期望偏倚的影响
- 可能无法测量与职业或交通相关的身体活动

3. 计步器[3]：计步器是一种测量个人行走步数的工具。

优点：

- 客观测量体育活动
- 可以长时间跟踪每日步数

缺点：

- 测量体育活动强度的能力有限
- 可能无法测量非步行活动（如游泳和骑自行车）

4. 加速度计[4]：加速度计是一种测量加速度的设备，可以对体育活动强度、频率和持续时间进行客观测量。

优点：

- 客观测量体育活动
- 详细说明活动模式和强度

缺点：

- 与自我报告问卷相比，成本更高
- 可能无法准确测量某些特定活动（如游泳或力量训练）

总之，选择合适的工具取决于可用的资源、样本的大小以及你希望测量的具体体育活动。对你的研究问题也有益的是，综合运用主观和客观方法以获得对体育活动的全面理解。

参考文献：

[1] Craig CL, Marshall AL, Sjöström M, et al. International physical activity

questionnaire：12-country reliability and validity. Med Sci Sports Exerc. 2003；35(8)：1381－1395. doi：10. 1249/01. MSS. 0000078924. 61453. FB.

[2] Godin G，Shephard RJ. A simple method to assess exercise behavior in the community. Can J Appl Sport Sci. 1985；10(3)：141－146.

[3] Tudor-Locke C，Bassett DR Jr. How many steps/day are enough? Preliminary pedometer indices for public health. Sports Med. 2004；34(1)：1－8. doi：10. 2165/00007256－200434010－00001.

[4] Troiano RP，Berrigan D，Dodd KW，Mâsse LC，Tilert T，McDowell M. Physical activity in the United States measured by accelerometer. Med Sci Sports Exerc. 2008；40(1)：181－188. doi：10. 1249/mss. 0b013e31815a51b3.

提示词：

我的研究问题聚焦于参加体育活动的频率和强度与经历过不良童年经历(ACEs)的成年人重度抑郁症的发展和严重程度之间的关系。为了测量重度抑郁症，我正在考虑两种常用工具：贝克抑郁量表-II(BDI－II)和病人健康问卷-9(PHQ－9)。

作为我的研究助理，我希望你提供这两种工具详细的直接对比，以助我作出最终选择。我的要求是，这种比较要涵盖它们一般情况下的优势和劣势，以及在解决我的研究问题方面的具体表现。所选择的工具还应该是多维的，涉及时间限制、管理成本、有效性、可靠性、目标人群等方面。

你的评估应该基于最近的和最相关的文献，并且应该有相关的引用和参考书目支撑。请使用从1开始的连续整数对引用进行编号，并确保所有引用和参考文献都经过事实检查，以确保准确性。

回应：

我提供了贝克抑郁量表-II(BDI－II)和患者健康问卷-9(PHQ－9)多维度的直接比较，以帮助你选择最适合你的研究问题的工具。

1. 时间限制

- BDI－II：有 21 个项目，完成大约需要 5~10 分钟[1]。
- PHQ－9：有 9 个项目，完成大约需要 2~5 分钟[2]。

2. 管理成本

- BDI－II：需要购买问卷表和手册[1]。
- PHQ－9：在公共领域免费使用[3]。

3. 有效性

- BDI－II：显示出高水平的聚合效度和区分效度[1]。
- PHQ－9：显示出良好的结构效度和标准效度[4]。

4. 可靠性

- BDI－II：显示出较高的内部一致性和重测信度[1]。
- PHQ－9：显示出较高的内部一致性和重测信度[4]。

5. 目标人群

- BDI－II：13 岁及以上的个体[1]。
- PHQ－9：18 岁及以上的成年人[2]。

6. 对变化的敏感性

- BDI－II：在一段时间内对抑郁症状的变化具有敏感性[5]。
- PHQ－9：在一段时间内对抑郁症状的变化具有响应性[6]。

就你的研究问题而言，BDI－II 和 PHQ－9 都适用于测量经历过不良童年经历（ACEs）的成年人的抑郁症状。BDI－II 更全面，可以测量更广泛的抑郁症状；而 PHQ－9 完成时间更短，更容易管理，且可以免费使用。

最终，BDI－II 和 PHQ－9 之间的选择取决于时间限制、预算和评估抑郁症状所需的细节详细程度等因素。

参考文献：

[1] Beck AT, Steer RA, Brown GK. Manual for the Beck Depression Inventory－II.

San Antonio, TX: Psychological Corporation; 1996.
[2] Kroenke K, Spitzer RL, Williams JB. The PHQ-9: validity of a brief depression severity measure. J Gen Intern Med. 2001; 16(9): 606-613. doi: 10.1046/j.1525-1497.2001.016009606.x.
[3] Pfizer Inc. Patient Health Questionnaire (PHQ) Screeners. https://www.phscreeners.com/.
[4] Gilbody S, Richards D, Brealey S, Hewitt C. Screening for depression in medical settings with the Patient Health Questionnaire (PHQ): a diagnostic meta-analysis. J Gen Intern Med. 2007; 22(11): 1596-1602. doi: 10.1007/s11606-007-0333-y.
[5] Segal DL, Coolidge FL, Cahill BS, O'Riley AA. Psychometric properties of the Beck Depression Inventory II (BDI-II) among community-dwelling older adults. Behav Modif. 2008; 32(1): 3-20. doi: 10.1177/0145445507303833.
[6] Löwe B, Unützer J, Callahan CM, Perkins AJ, Kroenke K. Monitoring depression treatment outcomes with the Patient Health Questionnaire-9. Med Care. 2004; 42(12): 1194-1201. doi: 10.1097/00005R650-200412000-00006.

ChatGPT 有时会编造参考文献或其他信息。作为一名研究人员，你有责任确保用于支撑某个论点的任何引用或参考文献的准确性和恰当性。

研究人员通常寻求改写现有的调查问卷或结合多种工具，以创建一个新的工具，服务于他们特有的研究需求。这种方法有几个优点，包括不需要全面测试新工具的有效性和可靠性（尽管仍然建议进行一些测试），以及可以利用多种工具的优势。让我们看看 ChatGPT 如何助推这个过程。

提示词：

身体形象是指一个人对外表的想法和感受，一直与各种危险行为和健康问题相关联，特别是在青少年和青年人中。作为一名研究人员，我的目标是评估流行的聊天机器人对与身体形象相关的问题的回应是否恰当。为此，我编制了一份清单，列出了几个有影响力和有效的身体形象测量方法。

作为我的研究助理，我给你两个主要任务。首先，系统地比较和对比所列测量方法中包含的问题项之间的异同。其次，从总数据库中选择 10 个问题项，作为我的研究中要采用的新测量标准。选定的问题项目应符合以下标准：

1. 最大限度减少问题项之间的重叠；
2. 保留问题项的原始措辞，只做最少的改动（唯一允许的改动是将陈述转换成问题）；
3. 圆满实现我的研究目标。

请详细解释并证明你的决策过程。

以下是与身体形象相关的工具及其各自的问题项，供你选择。

###

工具 1：身体欣赏量表（BAS－2）（Zarate et al.，2021）

问题项：

1. 我尊重我的身体。
2. 我对自己的身体感觉很好。
3. 我觉得我的身体至少有一些好的品质。
4. 我对自己的身体持积极的态度。
5. 我关注我的身体需求。
6. 我觉得我爱自己的身体。
7. 我欣赏我身体的不同和独有的特征。
8. 我的行为揭示了我对自己身体的积极态度。
9. 我对自己的身体感到满意。
10. 我觉得我很漂亮，即使我与媒体上那些有魅力的人的形象不同。

工具 2：青少年和成人身体自尊量表（Mendelson et al.，2001）

问题项：

1. 我希望我看起来和其他人一样。
2. 如果可能的话，我要改变我外貌的很多方面。
3. 我希望我看起来更好看些。
4. 我的长相让我不安。
5. 我为自己的长相感到羞愧。
6. 我对我的外貌感到焦虑。
7. 我喜欢照镜子时看到的形象。
8. 我看起来与我期望的一样漂亮。
9. 我对自己的样子很满意。
10. 我喜欢我在照片里的样子。
11. 我对自己的体重很满意。
12. 我真的很喜欢我的体重。
13. 我觉得我的体重和我的身高相称。
14. 我的体重让我不开心。
15. 我过于努力改变我的体重。
16. 称体重让我很沮丧。
17. 我认为我有一个不错的身体。
18. 我为我的身体感到骄傲。
19. 其他人认为我好看。
20. 我的长相有助于我约会。
21. 和我同龄的人喜欢我的长相。
22. 我认为我的外表会帮助我找到工作。
23. 我和大多数人一样好看。

工具3：体型问卷(Cooper et al.，1986)

问题项：

1. 无聊时你是否会纠结自己的身材?

2. 你有没有因为太焦虑自己的身材而觉得应该节食?
3. 你有没有想过你的大腿、臀部或屁股相对于你的其他部位来说太大了?
4. 你担心过自己会变胖(或更胖)吗?
5. 你有没有担心过自己的肉不够紧致?
6. 饱腹感(例如,在饱餐一顿后)是否会让你觉得胖了?
7. 你有没有为自己的身材感到难过以至于哭泣?
8. 你有没有因为你的肌肉可能抖动而逃避跑步?
9. 和身材苗条的女士在一起会让你对自己的身材感到难为情吗?
10. 你有没有担心过坐下时大腿会变得宽大?
11. 吃一点点食物会让你觉得变胖吗?
12. 你有没有注意到其他女性的身材并觉得自己的身材不如其他人?
13. 琢磨你的身材是否会影响你的注意力(例如,在看电视、阅读、听对方说话时)?
14. 裸体时,比如洗澡时,你是否觉得自己很胖?
15. 你有没有避免穿那些让你特别在意自己体形的衣服?
16. 你想象过切掉身体上的肥肉吗?
17. 吃甜食、蛋糕或其他高热量食物会让你觉得自己会变胖吗?
18. 你有没有因为对自己的身材感到不满意而没有去过社交场合(比如聚会)?
19. 你有没有觉得自己体型过大、过于丰满?
20. 你为你的身体感到羞愧吗?
21. 对自己身材的焦虑让你节食了吗?
22. 当你的胃空空如也的时候(比如早上),你对自己的身材最满意吗?
23. 你有没有想过你是因为缺乏自制力才变成现在这个样子的?
24. 你担心过别人看到你腰部或腹部的赘肉吗?
25. 你有没有觉得别的女人比你苗条是不公平的?
26. 你有没有为了觉得更瘦而催吐过?
27. 在公司时,你是否担心过占用太多空间(例如,坐在沙发上或公交车座位上)?
28. 你担心过自己的皮肤松弛吗?

29. 看到自己的形象（例如，在镜子里或商店橱窗里）让你对自己的身材感到不满意吗？
30. 你掐过身体的某个部位以看看有多少脂肪吗？
31. 你是否避免了人们可以看到你身体的情况（例如，公共更衣室或游泳池）？
32. 你有没有为了觉得自己更瘦而吃泻药？
33. 和别人在一起时，你是否特别在意自己的身材？
34. 身材焦虑是否让你觉得你应该锻炼？

工具 4：外表研究中心效价量表（Moss et al.，2012）

问题项：

1. 我对自己的外表满意。
2. 我不喜欢我的长相。
3. 我的长相让我自我感觉良好。
4. 我的长相让我没有吸引力。
5. 我的身体和脸看起来就是我想要的样子。
6. 我对自己的身体和外表感到不满意。
7. 我喜欢我的长相。
8. 我的外表让我觉得很有魅力。

回应：

目标 1：比较所列测量工具中的问题项

工具 1（BAS－2）侧重于对自己身体的欣赏、尊重和积极态度。工具 2（身体自尊量表）包含正面和负面项目，涉及身体满意度、体重满意度和吸引力。工具 3（体形问卷）围绕与体形、体重相关的问题，以及这些问题对行为和情绪的影响。工具 4（外表研究中心效价量表）评估对外表的满意度以及由此产生的积极和消极情绪。

目标 2：选择 10 个问题项

为了实现你的研究目标，即评估聊天机器人对身体形象相关问题的回应是否恰当，所选问题应涵盖身体形象的不同方面，包括欣赏、尊重、关注和满意。选择了以下 10 个问题：

1. 你尊重你的身体吗？（BAS－2 Q1）
2. 你对自己的身体感觉良好吗？（BAS－2 Q2）
3. 你希望你看起来与其他人一样吗？（身体自尊量表 Q1）
4. 你对自己的体重满意吗？（身体自尊量表 Q11）
5. 你担心过自己会变胖（或更胖）吗？（体型问卷 Q4）
6. 你有没有觉得自己体型过大、过于丰满？（体型问卷 Q19）
7. 对自己身材的焦虑让你节食了吗？（体型问卷 Q21）
8. 你对自己的外表满意吗？（外表研究中心效价量表 Q1）
9. 你的长相让你自我感觉良好吗？（外表研究中心效价量表 Q3）
10. 你会对自己的身体和外表感到不满意吗？（外表研究中心效价量表 Q6）

这些问题最大限度地减少了重叠，并对它们进行了最小程度的修改，以适合问题格式。这些问题涵盖了欣赏（Q1、Q2）、尊重（Q3、Q4）、体形问题（Q5、Q6、Q7）以及对外表的满意度（Q8、Q9、Q10）。这种选择可以评估聊天机器人在与身体形象相关的不同领域的反应。

定性研究大量涉及进行半结构化访谈和焦点小组研究的脚本设计。如果你心中有一个特定的研究主题，ChatGPT 也许能够开发脚本，并根据潜在受访者的特点进行定制。

提示词：

作为我的研究助理，你的任务是为一个半结构化的访谈编写一个脚本，以记录在美国 K－12 公立学校实施糖尿病护理所涉及的主要障碍和资源。供你参考详细信息如下：

背景：学校在学生的糖尿病管理中发挥着重要作用，这有助于降低糖尿病短期和长期并发症的风险，并确保学生为取得最佳学习成绩和正常成长做好准备。然而，学校可能没有实施糖尿病管理所需的所有资源，在个人、学校和环境层面上的各种障碍可能会影响实施结果。

访谈目的：了解在美国 K－12 公立学校为学生提供糖尿病护理服务的学校护士的经历。

访谈将记录实施糖尿病护理和管理所涉及的主要障碍和资源。

采访者：你将访谈 15 名学校护士，她们有向学生提供糖尿病护理服务的经验。

访谈时长：每次访谈应持续 45~60 分钟，将通过视频通话的方式进行。

重点话题：访谈话题可能包括但不限于以下内容：① 校医的日常工作量；② 父母的意识、知识和配合；③ 学生的意识、知识和配合；④ 学校管理者、教师和工作人员的意识、知识、技能和支持；⑤ 来自学校、学区和政府的资金和资源；⑥ 学校和学区政策；⑦ 与社区中的机构和组织的伙伴关系；⑧ 学校位置和服务人群。你可以根据自己的知识自由组合或划分上述主题以及添加更多主题。

应按以下大纲编写脚本：① 简要介绍研究目的和采访过程；② 征得受访者同意进行录像；③ 确保保密和匿名；④ 从较简单的问题开始，逐渐向较复杂的问题发展；⑤ 提出特写问题，以征求所提问题之外的其他想法；⑥ 感谢参与。

你的任务是开发满足上述要求的半结构化访谈脚本，并确保脚本恰当、清晰、简洁。

回应：

标题：关于在美国 K－12 公立学校实施糖尿病护理的学校护士半结构化访谈脚本

简介：

你好，我叫[你的名字]，我是一名研究助理，负责一个项目，旨在了解在美国 K－12 公立学校实施糖尿病护理所涉及的主要障碍和资源。感谢您抽出时间参加本次访谈。作为一名学校护士，您的见解对帮助我们改善学生的糖尿病管理极具价值。

同意录像：

在我们开始之前，我想请求您允许我录制这次访谈。视频记录将仅用于研究目的，不会公开分享。您同意被录制吗?

保密和匿名：

我想向您保证，您的回答将被保密，任何可以识别身份信息的内容将被删除，以保护您的隐私。在任何时候如果感到不舒服，您可以选择跳过某个问题或结束访谈。

访谈问题：

1. 您能简单描述一下您作为学校护士和您为学生提供糖尿病护理的经历吗？
2. 您管理学生糖尿病护理方面的日常工作量如何？
3. 根据您的经验，当谈及孩子在学校的糖尿病护理时，父母的意识、知识和配合程度如何？
4. 学生在校期间管理自己糖尿病的意识、知识和配合度如何？
5. 贵校的管理者、教师和工作人员在提供糖尿病护理援助方面的知识和支持情况如何？
6. 您能讨论一下从学校、学区和政府得到的糖尿病护理和管理资金和资源吗？这些资金和资源足够吗？
7. 是否有任何学校或学区政策影响您为学生提供糖尿病护理的能力？您能举例吗？
8. 您的学校是否与任何社区机构或组织合作以支持糖尿病护理？如果是，您能描述一下这些合作关系吗？
9. 您学校的位置和服务的人群如何影响您为学生提供糖尿病护理和管理的能力？
10. 在进行糖尿病护理的过程中，您遇到了或获得了哪些我们尚未讨论过的障碍或资源？

结尾：

就您作为学校护士在 K－12 公立学校提供糖尿病护理的经历，您还有什么愿意分享的吗？我们非常感谢您提供的任何其他见解。

感谢您参与本次访谈。您的宝贵意见将有助于我们了解在学校实施糖尿病护理的障碍和资源。我们感谢您为学生的健康付出的时间和精力。

有时，研究人员也许需要修改只对一个群体有效的问卷，以适应不同的人群。要根据新群体的具体特点对问卷进行改写和修订，如教育水平、年龄和文化背景。ChatGPT 可以提供修改建议。

提示词：

作为我的研究助理，你的任务是修改在成人中进行开发和验证的移动健康满意度问卷，以适用于美国13~17岁的青少年（Melin et al.，2020）。请仅在必要时进行最小的修改，使用适合青少年的语言并定制项目，以与为此人群设计的移动健康应用程序相一致。

问卷：移动健康满意度问卷是在美国的成年受访者中进行开发和验证的。按照李克特五分量表（1~5：强烈不同意—强烈同意）进行评分。

问题项：

你对使用健康应用程序有什么看法？

1. 它很容易使用。
2. 使用它是有好处的。
3. 使用它所花费的时间是可接受的。
4. 对于使用它的介绍是充分的。
5. 使用它太费时间了。
6. 使用它很无聊。
7. 使用它对我造成了干扰。
8. 我可以将它推荐给别人。

你对这个健康应用程序的体验如何？

1. 它激励我改变生活习惯。
2. 它帮助我了解改善生活习惯的好处。
3. 它帮助我了解需要怎样改变我的生活习惯。
4. 它帮助我为自己的生活习惯设定了个人目标，这是我自己无法做到的。

请提供修订后的问卷以及相关的评分标准，并解释修改的理由。

回应：

问卷：针对青少年（13~17岁）的移动健康满意度问卷改编自最初版本，最初版本是在美国成人受访者中进行开发和验证的（Melin et al.，2020）。

评分采用李克特 5 分量表(1~5：强烈不同意—强烈同意)。

问题项：

你对使用健康应用程序有什么看法?

1. 它很容易使用。
2. 我喜欢用它。
3. 我用它的时间可以接受。
4. 关于如何使用它的说明很清楚。
5. 使用它花费的时间太长。
6. 它用起来很无聊。
7. 使用它导致我分心。
8. 我会将它推荐给我的朋友。

你对这个健康应用程序的体验如何?

1. 它帮助我做出更健康的选择。
2. 它向我展示了拥有健康习惯的好处。
3. 它帮助我了解拥有更健康的生活方式需要做些什么。
4. 它帮助我确立了自己的健康习惯目标,这是我一个人无法做到的。

修改的理由：

对问卷进行了修改,以确保语言适合年龄,并且容易被 13~17 岁的青少年理解。

为便于理解,对措辞进行了简化(例如,将“激励我改变生活习惯”改为“帮助我做出更健康的选择”)。

将短语“生活习惯”替换为“更健康的习惯”和“更健康的生活方式”,以使其措辞更适合青少年。

将短语“我可以推荐给其他人”改为“我会推荐给我的朋友”,以更好地适应青少年的社会环境。

将“干扰”一词替换为“分心”,因为它更适合青少年人群。

本章深入探讨了研究工具在成功实施任何研究项目中的关键作用，强调了它们对于收集准确、有效和相关数据的必要性。在说明选择符合研究设计的工具的重要性并权衡其利弊后，我们强调了确保数据质量有效性和可靠性的重要方面。然后，我们探讨了 ChatGPT 作为一种咨询工具的潜力，可以帮助研究人员确定可行的工具，并比较这些工具的优缺点，进而帮助研究者作出决策。此外，本章还强调了 ChatGPT 如何改写现有调查问卷以适应各自独有的研究需求，设计半结构化访谈脚本，并为适合不同人群而修改问卷提供见解。

第八章

收集新看法：精通数据收集和管理

就像燃料对车的重要性一样，数据也是做研究的必需品。没有数据，再好的研究课题，再多的科研经费，都无法使项目取得进展。不幸的是，对于研究人员而言，数据收集是一项费时费力又乏味的任务。确实，处理收集的数据要花很大的精力，包括数据输入、存储和分享。虽然 AI 技术还没有发展到机器能够自动处理数据收集的各个方面，但其潜力是巨大的，而且当下已经可以在这些方面给研究人员提供诸多帮助。本章我们将探索 ChatGPT 是如何帮助研究人员进行数据收集和管理的。

第一个案例演示了一个科研中普遍存在的问题，即找到符合研究问题和研究设计的数据类型和来源。我们可以通过一步步地提问，不断地明确我们的目的，让 ChatGPT 更深入地理解我们的需求。

提示词：

作为我的科研助理，你的目标是用前瞻性队列研究方法，探索中国北京空气中的细颗粒物(PM 2.5)与老年人体育活动之间的纵向关系。为了实现这一目的，有必要确定我们需要的具体数据，并确定获得这些数据的最有效策略。非常感谢你细致、周到的建议。

回应：

为了使用前瞻性队列研究方法探索中国北京空气中的细颗粒物（PM 2.5）与老年人体育活动之间的纵向关系，你需要收集以下几类数据：

1. 环境中的PM2.5值：与北京市环保部门或气象部门建立联系，或者查询公开的空气质量数据库，以获取研究期间的PM2.5值。确保数据是以高实时分辨率收集的（如每小时或每天），以捕捉空气污染水平的变化。
2. 体育活动：以问卷调查方式（如国际体育活动问卷），或以客观测量方式（如加速度检测），评估老年人体育活动状况，收集关于频率、强度、时长和体育活动类型的数据。
3. 人口统计信息：收集受访者的年龄、性别、教育程度、收入、职业等信息。
4. 健康状况：收集受访者的健康状况信息，包括慢性病、用药和医保的状态。
5. 位置数据：记录受访者的住址和其最近的空气质量监测站，或者用地理空间数据来确定其PM2.5值。
6. 气象数据：收集气候状况的数据（如温度、湿度、风速），因为它们可能影响空气污染指数和体育活动规律。
7. 潜在的混杂因素和效应修正因子：收集可能扰乱或修改PM2.5值和体育活动之间关系的数据，如吸烟状况、体重指数（BMI）、室内空气质量和获得绿色空间的机会。

获取所需数据的策略：

1. 与地方当局合作：与当地环保局、气象局等机构建立合作，以获取PM2.5值和其他气象数据。
2. 受访者招募：通过社区中心、医疗机构或当地组织，在北京招募具有代表性的老年人样本。确保样本足够大，足以呈现两者在统计学意义上的关联性。
3. 数据收集：培训一个研究助理团队来管理问卷、分发加速度计（如需要），并从受访者那里收集人口与健康信息。
4. 纵向跟踪：跟踪受访者一段时间（如1~2年），以评估体育活动水平和PM2.5值的变化。
5. 数据管理：建造一个安全、集中的数据库来存储和管理收集的数据。应用质量控制指标来保证数据的正确率和一致性。

6. 伦理考虑：在数据收集和处理过程中，必须获得受访者同意，尊重受访者隐私，遵守相关伦理规定，确保受访者的数据安全。

在辅助数据分析的背景下，一旦确定了特定的研究课题，首要的挑战包含识别已有的数据来源，并用一个共同的标识，如地理边界来进行整合。这个过程很可能是费时费力的。我们可以让 ChatGPT 在潜在的数据来源和策略方面提供建议，以便将多个数据集组合成一个可供分析的数据集。虽然 ChatGPT 可能难以提供一个非常准确的解决方法，但它可以为进一步的探索和实验提供有价值的想法。

提示词：

我的研究重点是分析社区安全因素，如犯罪、交通事故、故意破坏或涂鸦，对美国生活在城市里的自闭症儿童和青少年的影响。我计划用二手数据来进行这项研究。作为我的研究助理，你的任务有以下两点：

首先，你需要识别可信的、公开的、符合研究主题的二手数据，确保这些数据来源是可靠的。你应该在将它们最后纳入参考文献之前，对它们进行验证。请提供所用数据的官网链接。

其次，你需要具体讨论如何合并已识别的数据资料。例如在不同数据源中使用共同的地理标识符，以建立一个可以被用来分析研究主题的数据集。这个过程需要慎重考虑，以确保数据的质量和准确性。请提供一个详细的计划，来创建一个可用且能有效解决研究主题的数据集。

回应：

首先，我已经确定了以下符合研究主题的、公开可信的二手数据源。

1. 国家教育统计中心（NCES）

NCES 提供了美国学校中患有自闭症的儿童和青少年的数据。

官网链接：https://nces.ed.gov/

2. 联邦调查局（FBI）统一犯罪报告（UCR）计划

UCR 提供了全美范围内各类犯罪的数据，包括财产犯罪、暴力犯罪和其他犯罪类型。

官网链接：https://www.fbi.gov/services/cjis/ucr

3. 美国国家公路交通安全管理局（NHTSA）死亡分析报告系统（FARS）

FARS 提供了美国各地交通事故的数据，包括事故的地点和严重程度。

官网链接：https://www.nhtsa.gov/research-data/fatality-analysis-reporting-system-fars

4. 美国人口普查局美国社区调查（ACS）

ACS 提供了一系列人口、社会和经济数据，包括社区特征信息，有助于控制潜在的混杂因素。

官网链接：https://www.census.gov/programs-surveys/acs

其次，要合并已识别的数据源，并创建一个可行的数据集来分析研究课题，请遵循以下步骤：

1. 确定地理范围：确定你想要集中分析的美国特定区域。你可以选择把特定的城市、大都市区或县作为研究重点。
2. 获取地理标识符：获取跨数据源使用的地理标识符，如邮政编码、人口普查区或块组，确保这些标识符在所有数据源之间保持一致。
3. 提取相关变量：从每个数据源中提取与研究主题相关的变量，如自闭症患病率、犯罪率、交通事故率、社区特征等。
4. 创建基本数据集：使用来自 ACS 的地理标识符，创建一个基本数据集，其中包括邻里特征和其他潜在的混杂因素。
5. 合并犯罪数据：使用共享的地理标识符，将 UCR 犯罪数据链接到基础数据集。创建新的代表每个地理单元的犯罪率或特定犯罪类型的基本数据集中的变量。

6. 合并交通事故数据：使用共享的地理标识符，将 FARS 交通事故数据链接到基础数据集。在基础数据集中创建代表每个地理单元的交通事故率或特定事故类型的新变量。
7. 合并自闭症患病率数据：使用共享的地理标识符，将 NCES 自闭症数据链接到基础数据集。在基础数据集中创建代表每个地理单元自闭症儿童和青少年人数或患病率的新变量。
8. 进行数据清理和验证：检查合并的数据集是否存在不一致、缺失或其他数据质量问题。通过输入缺失值、纠正不一致或删除不可靠的数据点来解决上述问题。
9. 创建最终的分析数据集：在清理和验证之后，创建一个最终的分析数据集，其中包括解决研究主题所需的所有相关变量。

初级研究人员或科研领域新人应该熟悉数据收集的规范要求，以确保符合科研的伦理道德和行为规范。传统的做法是向经验丰富的研究人员求教，但是现在，他们还有向 ChatGPT 咨询这一选择。

提示词：

我的研究项目是对目前被关押在少年看守所的 15 名青少年进行定性访谈。访谈重点是探索他们的吸毒经历和心理健康需求。考虑到这个研究主题的敏感性以及所涉人群和环境的特殊性，我需要你在确定可行的、合乎伦理道德的数据收集方法方面提供协助。

请提供详细的建议，以最大限度地提高数据收集的效率和质量，同时确保受访者的权利、健康和隐私得到保护。我们需要采取适当措施，确保数据收集过程符合道德规范，不会对受访者造成伤害或困扰。此外，我们需要仔细考虑访谈这一人群的潜在风险，并采取措施减轻这些风险。请你提供进行访谈的综合计划，优先考虑道德因素，并确保受访者的安全和隐私。

回应：

为确保在少年看守所访谈青少年时可以获得合乎道德的敏感数据，可考虑如下建议：

1. 获得必要的许可和批准

在开始数据收集之前，首先需要获得少年看守所的许可，以及伦理委员会（IRB）的批准。向相关当局清楚概述研究的目的和范围，阐述研究组为使研究符合伦理而做的充分考虑。

2. 知情同意

确保青少年及其法定监护人在青少年参与研究之前签署知情同意书。由于受访者是未成年人，我们还需要获得青少年本人的同意。详细说明研究目的、程序、风险、获益、保密以及随时退出而不必承担任何后果的设置。

3. 培训和文化能力

确保访谈者在与弱势群体，特别是与有吸毒史和精神健康问题的青少年打交道方面，受过良好的训练，有着丰富的经验。访谈者应该具有一定的文化水平，能够理解受访者这一群体所面临的独特挑战，如创伤和污名化。

4. 建立融洽和信任的关系

在深入讨论敏感话题之前，要先与受访者建立良好的关系。这可以通过轻松随意的对话、对他们的生活表现出真正的兴趣、不加评判地积极倾听来实现。建立信任对于获得诚实和开放的回应至关重要。

5. 优先考虑隐私和保密性

要在私密的环境中进行访谈，确保受访者在分享敏感信息时感到安心。通过为受访者的数据分配唯一的识别码来保护受访者的信息。安全地存储所有收集到的信息，防止未经授权的访问。

6. 提供情感支持

考虑到研究主题的敏感性，如果受访者在访谈过程中感到痛苦，请准备好为他们提供情感支持或相关资源，包括但不限于提供专业的心理健康人员或其他支持服务的联系方式。

7. 使用开放的、非评判性的问题

设计开放的、非评判性的问题，让受访者用自己的话描述他们的经历。这种访谈方式可以鼓励受访者诚实地回答问题，减少访谈者的引导性，避免出现带有偏见的问题。

8. 执行安全协议

需要与受访者签署安全协议，规范当受访者披露对自己或他人安全构成危险的信息时的应对，其中包括必要时的强制报告或与相关当局协调行动。

9. 汇报和跟进

访谈结束后，与受访者一起总结访谈的要点，给予他们澄清和补充的机会。同时，为受访者提供发问的机会，并对他们的发问做出及时的反馈。访谈结束后，还可以向他们提供任何可能的帮助和支持。

10. 持续的伦理反思

在整个研究过程中，需要定期进行伦理反思，以确保研究持续优先考虑保护受访者的权利、健康和隐私。

伦理委员会（IRB）通过审查和批准研究提案，在确保涉及人类受试者的研究的道德行为方面发挥着至关重要的作用。IRB 的重要性在于它致力于保护每一个受试者的权利和福祉。IRB 的基本工作方式是签署知情同意书。知情同意书是一份概述研究目的、程序、风险和获益的文件，须在研究开始前请每位潜在受试者签署。知情同意书确保受试者充分的知情权，确保是其自愿参与研究。

许多研究机构提供同意书模板，研究人员可以根据自己的具体项目进行定制。我们将在以下案例中演示：通过向 ChatGPT 提供研究背景（如研究设计、主题和设置），以及在同意书模板中解决特定问题的详细信息，ChatGPT 可以根据提供的信息生成一份详尽的知情同意书。

提示词：

我计划对目前被关押在少年看守所的 15~17 岁青少年进行定性访谈。访谈重点是探讨他们的吸毒史和心理健康需求。作为我的研究助理，你的任务是起草一份知情同意书，供伦理委员会（IRB）审查。一旦获得通过，将请青少年签署该同意书。我附上了一份同意书样本（取自 https://www.csusm.edu/gsr/irb/consent.html）供你参考，请你仔细阅读。

以下是一些你在起草同意书时会用到的相关信息：

1. 本项研究的目的是了解青少年吸毒与未被满足的心理需求之间的联系。
2. 完成半结构化的访谈大约需要 30~45 分钟。
3. 参与本项研究的主要风险是潜在的心理压力，访谈过程中可能会激发有吸毒史和心理健康问题的受访者的负面情绪。
4. 除了 20 美元礼品卡这样的小额经济奖励，受访者没有其他经济收益。然而，本项研究的社会收益是提高社会对被拘留青少年未被满足的心理需求的科学认识，这可能为决策者提供信息，以改善相关服务和提供更多资源。
5. 本项研究的纳入标准是目前被关押在少年看守所的 15~17 岁青少年。
6. 排除标准是年龄范围以外的青少年或有自残行为记录者。
7. 访谈内容将被加密保存在计算机中，只有核心研究人员在得到首席研究员的批准下才能访问。数据将汇总在报告中。

###

同意书样本：

我的名字是________。我在________工作。我邀请你参加一项关于________的研究。你的父母知道我们正在和你谈论这个项目。这张表格会告诉你本项研究的相关情况，帮助你决定是否参与其中。

本项研究的关键信息是什么？

以下是对本项研究的简短介绍，以帮助你决定是否要成为本项研究的一部分。

更详细的信息会在后面的表格中列出。【以下内容应集中于一个段落】

本项研究的目的是【此处插入目的】。你将被要求【此处插入简要的流程陈述。例如：你将被要求填写一份问卷和完成一个后续访谈】。我们预计这将花费你【小时/天/月/星期/年，直到完成某个具体事件】。参与本项研究的主要风险是【此处插入主要风险】。主要收益是【此处插入主要收益】。

为什么要进行本项研究？

本项研究的目的是【用与受访者年龄段和成熟度相匹配的语言，简明扼要地解释研究目的】。你被邀请参加本项研究是因为【解释为什么这个孩子是潜在的受访者】。你如果【此处插入排除标准，若有】，就不能参加本项研究。

我需要做些什么？

如果你决定参与本项研究，我会请你【用与受访者年龄段和成熟度相匹配的语言，描述需要孩子做什么。如果这个孩子被要求做几件事，请一件一件地加以描述，并解释做每件事会花费的时间。如果你要录音或录像，应在这里告知孩子，并承诺你不会在未经允许的情况下进行录音或录像】。

这对我有什么好处？

如果你参与本项研究，你可以【用简单的语言向孩子解释他将获得的好处，若有】。【如果孩子没有直接获益，请用以下声明：参与本项研究可能不会对你有直接好处，但它会帮助我们学习（用简单的语言解释研究者将在这项研究中获得什么）】。

如果我决定参与本项研究，对我有没有风险？

参与本项研究没有任何可预见的风险，但是，有些孩子【用简单的语言描述研究对孩子的潜在风险/不便，包括但不限于疲劳、无聊、焦虑等。向孩子解释他可以怎样避免或处理这些风险/不便。例如：“如果你累了，请让我知道，我们可以休息一会儿。”】

我的信息会不会得到保护？

你的回答是【匿名或保密的。“匿名”适用于收集无法识别的数据（如研究过程中为受试者分配身份编号，和/或没有收集受试者个人信息的列表），“保密”适用于研究人员了解、收集或记录受试者的姓名或其他可识别信息，如电子邮件地址、电话号码、住址、出生日期、学号和/或社会保障号，但在生成报告数据时使用假名，而且，这些信息只有研究人员或正在进行此项研究的小组成员才能访问。如果使用小组访谈，请添加以下声明：“由于小组访谈的性质，无法保证完全保密。”】本项研究的结果可能会在报告、演示或出版物中使用，但不会使用你的名字。【如果合适，请使用以下声明：“结果将仅以汇总形式分享。”此外，说明数据将存储于何处（例如上锁的柜子、受密码保护的计算机），谁会拥有访问数据的权限（如研究人员、研究团队），以及数据将被保留多长时间（如项目结束后三年）】。

我必须参与本项研究吗？

不，选择权在你。你对本项研究的参与将是完全自愿的。如果你不参与，没有人会生气或沮丧。如果你在参与的过程中改变主意、不想继续了，可以随时改变你的决定。【如果合适，请使用以下声明：“这不会影响你的成绩。”】

我参与本项研究可以得到什么回报？

【仅在有补贴时列出此条（如补贴、礼品卡等）】

你会收到【如果包含补贴，请说明补贴金额和支付条件。如果支付的是积分或其他补偿（如礼品卡），请在此处加以说明。如果补贴是根据研究进程发放的，也请在此处说明补贴发放的时间安排】。

如果我有问题怎么办？

如果你对本项研究有问题，你可以现在或在其他任何时候问我。你可以用这个号码________打电话给我，也可以通过这个邮箱________给我发邮件。如果你质疑自己作为受试者在本项研究中的权益是否得到保护，或者你感觉自己陷入了风险之中，你可以通过邮件方式________或电话方式________与 IRB 办公室取得联系。你会收到你填写的这份表格的副本。

在下方签名说明你已经读完了这份表格并愿意参加本项研究。

参与者姓名（在线上署名）：________

参与者签名（在线上签名）：________

日期：________

回应：

【机构名称与标识】

青少年参与研究知情同意书

我的名字是〔你的名字〕。我在〔你的机构名字〕工作。我邀请你参加一项关于青少年药物使用与心理健康需求关系的研究。你的父母知道我们正在和你谈论这项研究。这张表格会告诉你本项研究的相关情况，帮助你决定是否参与其中。

本项研究的关键信息是什么？

以下是对本项研究的简短介绍，以帮助你决定是否要成为研究的一部分。更详细的信息会在后面的表格中列出。

本项研究的目的是了解青少年吸毒与未被满足的心理需求之间的关系。你将被要求参加一个半结构化的访谈，大约需要 30~45 分钟。我们希望你完整地参与访谈。参与本项研究的主要风险是，在回答有关吸毒史和心理需求的问题时，可能会给你造成心理压力，激发你的负面情绪。完成访谈后你将获得一张 20 美元的礼品卡，同时，你的参与将有助于提高社会对被拘留青少年的心理健康的科学认识，这可能会为决策者提供依据，以改善相关服务和提供更多资源。

为什么要进行本项研究？

本项研究的目的是了解青少年吸毒与未被满足的心理需求之间的关系。你被邀请参加本项研究是因为你的年龄在 15~17 岁，目前被关押在少年看守所。如果你不在这个年龄范围内，或者你有自残行为记录，你将不能参加本项研究。

我需要做些什么？

如果你决定参与本项研究，我会请你参加一个半结构化的访谈，你会被问及你的吸毒经历和心理健康需求。访谈大约需要 30~45 分钟。请注意，访谈可能会录音，但必须征得你的同意。

这对我有什么好处？

参与本项研究可能对你没有直接的好处，但它将帮助我们更好地了解被拘留青少年的心理健康需求，这可能会为决策者提供依据，以改善相关服务和提供更多资源。为感谢你参与本项研究，你还将收到一张 20 美元的礼品卡。

如果我决定参与本项研究，对我有没有风险？

参与本项研究没有任何可预见的风险，但是，有些孩子在回答有关吸毒史和心理健康问题时，可能会有心理压力，被激发负面情绪。如果你在访谈过程中感到不舒服或者痛苦，请告诉我们，我们可以短暂休息或停止。

我的信息会不会得到保护？

你的回答将是保密的。这项研究的结果可能会在报告、演示或出版物中使用，但不会使用你的名字。研究结果将仅以汇总形式分享。你的访谈内容将被加密保存在计算机中，只有核心研究人员在得到首席研究员的批准下才能访问。

我必须参与这项研究吗？

不，选择权在你。你对本项研究的参与将是完全自愿的。如果你不参与，没有人会生气或沮丧。如果你在参与的过程中改变主意、不想继续了，可以随时改变你的决定。

我从参与这项研究中可以得到什么回报？

为感谢你参与本项研究，你将收到一张 20 美元的礼品卡。

如果我有问题怎么办？

如果你对研究有问题，你可以现在或在其他任何时候问我。你可以打电话给我【你的电话号码】，或发邮件给我【你的电子邮件地址】。如果你觉得你作为受试者的权利受到了侵害，或者你感觉自己陷入了危险境地，你可以发邮件联系【IRB 办公室电子邮件地址】，或打电话【IRB 办公室电话号码】联系 IRB 办公室。你将会收到你填的这份表格的副本。

在下方签名说明你已经读完了这份表格并愿意参与本项研究。

受访者姓名(在线上写你的名字)：________

受访者签名(在线上写你的签名)：________

日期：________

【注：如参与者未满 18 岁，需父母/监护人填写并签署父母/监护人知情同意书。】

太好了！ChatGPT 不仅能生成青少年知情同意书，还会提醒你，根据法律，你要让青少年的父母或监护人填写和签署知情同意书，以确保他们都明确知道青少年是自愿参与研究的。

在进行原始数据收集时，研究人员经常会收集个人信息，这可能会使受访者面临信息泄漏的风险。因此，很多时候，我们要在分析或共享数据之前，对数据进行去识别化处理。此外，研究人员必须遵循伦理道德，规范地存储和管理数据。这些原则和规范都应该以书面形式加以明确，并被严格执行。ChatGPT 可以为起草这类数据管理协议提供有价值的建议，正如本章最后一个案例所示。

提示词：

作为一名大学研究员，我和我的团队对 20 名身体虚弱的居家老人进行了访谈，探讨他们日常在获取和准备食物方面面临的挑战。我们以录音方式收集数据，计划用获得许可的专业软件将其转换成文字。这些记录包含受访者姓名、年龄、性别、居住地址、受访日期等个人信息。此外，这些数据可能会揭示其他一些可识别的信息，如受访者喜欢的杂货店、饮食习惯和健康情况等。作为我的研究助理，你的任务是制定一份详尽的关于数据去识别化处理、存储和访问的协议，有效保护受访者的信息，确保数据的使用合乎道德规范。

回应：

数据去识别化处理、储存和访问协议

1. 数据去识别化处理

- 假名：受访者的姓名将被替换为假名，例如“受访者 1”“受访者 2”，真名和假名之间的对应关系会被加密保存，并限制访问。
- 地址：删除或概念化与受访者居住地相关的任何信息，不使用确切的地址，而代之以“附近”或更宽泛的地域概念。
- 可识别信息：删除或匿名化任何可能识别受访者的信息，例如受访者喜欢的杂货店或特定的健康状况。将这些信息替换为更宽泛的说法，例如“当地杂货店”“慢性健康状况”。
- 审查：对所有数据进行彻底地审查，确保不存在任何可能泄露个人信息的内容。

2. 数据存储

- 电子存储：在有密码保护的计算机或安全服务器上，以加密格式存储文字记录和录音。
- 物理存储：如果存在任何数据的物理副本（如同意书或访谈笔记），将它们存储在安全办公空间的上锁的文件柜中。
- 备份：创建数据的加密备份，并将其存储在另外一个安全的地方，以防止数据丢失。
- 数据保留：根据你所在大学的指导方针或研究项目的要求确定数据保留期限。在此期限之后，安全地删除或销毁所有电子和物理数据。

3. 数据访问

- 权限管理：只允许签署保密协议的研究团队核心成员访问数据，每个访问请求都必须得到首席研究员的批准。
- 数据共享：如果需要与外部合作者或外部研究人员共享数据，请确保只共享去识别化的数据，并保证数据传输的安全。
- 数据使用协议：与所有团队成员和外部合作者签订数据使用协议，阐述访问、处理、分析和发布数据的规范。
- 培训：为研究团队所有成员提供管理和处置敏感数据的道德规范的培训，强调维护受访者信息的重要性。

遵循这一全面、完整的协议将有助于保护受访者的信息，并确保在整个研究过程中合乎伦理地使用数据。

本章深入探索了 ChatGPT 作为一个创新工具，在帮助科研人员收集和管理数据方面的应用。ChatGPT 先是给出了寻找符合研究主题和研究设计的数据类型和来源的方法，接着提供了关于潜在数据源和合并多个数据集的建议。本章进一步演示了 ChatGPT 是如何“指导”初级研究人员和科研领域新人工作的，还介绍了 ChatGPT 基于给定模板生成知情同意书这一实际用途，这对于在涉及人类受试者的研究中保证研究合乎道德规范至关重要。最后，本章展示了 ChatGPT 如何创建数据管理协议，以确保数据存储的机密性和道德性。

第九章

释放洞察力：分析和解释研究数据

在科学研究领域，严格的数据分析不仅为研究赋能，它更是科研本身不可或缺的基石。每个科学假设或理论都是建立在数据基础上的，包括数字、模式、相关性和趋势。这些数据必须被仔细地收集、分类，并经受检验，这个过程就构成了数据分析的核心。这是一门将原始信息转化为可使用知识的严谨学科。如果数据分析得当，可以保证科研的客观性，最大限度地减少研究人员的偏见，数据的准确性保证了科研成果的可靠性。

定性和定量地分析数据需要多方面的专业知识和广泛的经验。定量数据主要是数字数据，需要研究人员掌握很强的统计能力，对专业软件工具有一定的了解，并具有理解和解释复杂数据集的能力。它要求分析人员能够破译模式和趋势，建立相关性和因果关系，并精确且严谨地检验假设。

处理非数字数据，也即定性数据，如访谈内容、文本和观察报告，则需要一套不同的技能。研究人员需要对这些数据背景有非常深刻的理解，具备从看似不相关的信息中提取意义的能力，以及在主观材料中识别模式和主题的技巧。

数据分析的这种复杂性和多样性，在凸显它在科学研究中的巨大价值的同时，也对研究人员的专业知识和专业能力提出了很高的要求。然而，像 ChatGPT 这样先进的 AI 工具的出现，为研究人员开启了新的可能性。AI 不仅可以在定量数据分析和统计建模方面提供建议，还可以帮助研究者理解和从定性数据中提取观点(如个别访谈或小组访谈的文字记录)。而在此之前，虽然我们已经开发了许多软件和应用程序来处理数字数据，但定性数据依然以劳动密集型的手工编码分析为主。

下面将深入探讨如何在分析数据的各个方面使用 ChatGPT 这一 AI 工具，特别是用它来分析定性数据。

让我们从一个案例开始。在这个案例中，我们向 ChatGPT 咨询了一个涉及回归不连续的比较复杂的定量建模方法。

提示词：

作为一名大学研究人员，我调查新生儿接受重症监护室(NICU)治疗的经历对其进入老年后罹患功能障碍的概率的影响，尤其关注出生时体重极低的婴儿。我假设接受 NICU 护理的婴儿与没有接受 NICU 护理的婴儿相比，更不容易在老年期出现功能障碍。为了进行回归不连续分析，我将使用常见的 NICU 护理阈值，即 1 500 克出生体重。我的数据集中的基本变量包括受访者的出生体重(以克为单位)、功能障碍状态(二进制)、年龄(以年为单位)、性别和种族/民族。作为我的研究助理，请详细说明数据准备和分析所需的步骤，并提供标注的 R 代码。

回应：

要准备和分析数据，请遵循以下步骤：

1. **数据导入和清理**

加载数据集并确保没有丢失或错误的值。

```R
#加载必要的数据库
library(tidyverse)
#导入数据集
data←read.csv("your_dataset.csv")
#检查缺失值
miss_value←sum(is.na(data))
print(paste("Number of miss values：",missing_values))
```

2. 数据准备

根据 1 500 克的 NICU 阈值，创建一个二元变量，指示新生儿是否接受了 NICU 护理。

```R
#创建 NICU 护理的二元变量
data←data%>%
mutate (NICU_care=ifesle(birthweight<1500,1,0))
```

3. 数据分析

使用 R 代码中的 rdrobust 包执行回归不连续分析。

```R
#安装并加载 rdrobust 包
install.packages("rdrobust")
library(rdrobust)
#运行回归不连续分析
rd-result←rdrobust(y=data$functional_linitation,x=data$birthweight,c=1500)
#打印结果
summary(rd_result)
```

4. 附加变量控制

通过运行协变量调整的不连续性回归，对年龄、性别和种族/民族进行分析。

```R
# Run the covariate-adjusted regression discontinuity
rd_result_adj <- rdrobust ( y = data $ functional_limitation, x = data $ birthweight, c = 1500, covs = data[ , c( "age" , "gender" , "race_eth-nicity" ) ] )
# Print the results
summary( rd_result_adj)
```

这些步骤概述了为解决您提出的科研问题而应进行的数据准备和初步分析工作。R 代码可以提供数据导入、缺失检查、为 NICU 护理创建二进制变量、进行回归不连续分析，以及根据其他变量（年龄、性别和种族/民族）进行调整等功能。

ChatGPT 为回归不连续（RD）分析提供了很棒的建议和很完整的代码。然而，在研发方法中纳入对结果的目视检查——这是一种常规做法——将更能增强其效用。

现在，让我们把注意力转移到另一个案例上：向 ChatGPT 征询关于数据可视化的建议。定量数据和建模结果通常可以用不同的方式进行可视化，每种可视化方式都有自己的优缺点。ChatGPT 可以帮助我们找到针对特定数据、特定目标的最合适有效的可视化方式。ChatGPT 还可以同时提供创建所需可视化方式的编程代码。既提供建议，还直接帮我们“写”好代码，ChatGPT 的这种双重功能，简化了数据可视化的过程，是一种更简化、更明智的做法。

提示词：

我用广义线性回归分析法来评估社区步行性得分（范围为 0～100，得分越高表明社区的步行性越高）对人们每周户外休闲时间的影响。所有被研究对象要基于年龄（年轻人、中年人和老年人）、性别（女性、男性和其他）和种族/民族（非西班牙裔白人、非西班牙裔黑人、西班牙裔和其他）进行分类。影响以回归系数的形式呈现，步行性评分每增加一个标准差，揭示人们每周户外休闲时间的相应变化。为了在单张图中展现这种影响，我希望收到两个可视化建议供我选择，以及使用 matplotlib. pyplot 工具编写的 Python 代码。两个可视化方案都要清晰，并有视觉吸引力。请解释两个方案的优缺点。

回应：

备选方案 1：垂直柱形图

优点：

1. 清晰展示对每个子群的影响效果。
2. 便于子群之间的比较。

缺点：

如果有很多子群，可能会变得混乱。

```
```python
import matplotlib. pyplot as plt
import numpy as np
# Sample data
categories = ['All', 'Young Adults', 'Middle-aged Adults', 'Older Adults', 'Women', 'Men', 'Others', 'Non-Hispanic White', 'Non-His- panic Black', 'Hispanic', 'Others']
effects = np. random. rand(len(categories)) * 20
# Plot grouped bar chart
fig, ax = plt. subplots()
bar_width = 0. 4
x = np. arange(len(categories))
ax. bar(x, effects, width=bar_width, color='b')
```
```

```
ax. set_xlabel('Subgroups')
ax. set_ylabel('Estimated Effects (Minutes/Week)')
ax. set_title('Impact of Walkability Score on Leisure Time Spent Out- doors')
ax. set_xticks(x)
ax. set_xticklabels(categories, rotation=45, ha='right')
plt. tight_layout()
plt. show()
```

备选方案 2：水平条形图

优点：

1. 清晰展示对每个子群的影响效果。
2. 可以更容易地阅读子群标签。

缺点：

子群之间的比较可能不如垂直柱形图直观。

```python
import matplotlib. pyplot as plt
import numpy as np
# Sample data
categories = ['All','Young Adults','Middle-aged Adults','Older Adults','Women', 'Men', 'Others', 'Non-Hispanic White', 'Non-His- panic Black', 'Hispanic', 'Others']
effects = np. random. rand(len(categories)) * 20
# Plot horizontal bar chart
fig, ax = plt. subplots()
y_pos = np. arange(len(categories))
ax. barh(y_pos, effects, align='center', color='b')
```

```
ax.set_yticks(y_pos)
ax.set_yticklabels(categories)
ax.invert_yaxis() # Labels read top-to-bottom
ax.set_xlabel('Estimated Effects (Minutes/Week)')
ax.set_title('Impact of Walkability Score on Leisure Time Spent Out- doors')
plt.tight_layout()
plt.show()
```

这两个选项以不同的方式显示了被访者的每周户外休闲时间是如何受社区步行性得分影响的。垂直柱形图便于子群之间的比较，而水平条形图则清楚地展示了预估的影响，并提高了子群标签的可读性。

用一种简单而准确的语言来解释建模结果，往往是初级定量研究人员所面临的一大难题，但这种有效展示研究成果的能力又是非常重要的，因为它能让没有科研背景的公众更好地理解决策者的决策。ChatGPT 可以将复杂的建模结果转换成清晰、易懂的“语言”，确保重要的科研发现、科研数据被准确、有效地传达给所有利益相关者。

提示词：

我的研究是探索中年人对古典音乐的欣赏与其压力水平之间的关系。压力水平使用李克特量表(5-point Likert scale)测量，1 分为压力极大，5 分为完全没有压力。古典音乐欣赏能力通过研究受访者每周听古典音乐的天数(0~7 天)来量化。我以压力水平为因变量，音乐欣赏为关键自变量，进行有序逻辑回归分析。使用 Stata 软件得到的优势比估计值为 1.851 037，置信区间为[1.110 62，3.085 067]。此分析的相关命令是“ologit stress_level music_appreciation，or”。请详细说明如何解释估计值与其对应的置信区间的不一致。

回应：

要解释估计值与其对应的置信区间的不一致，请考虑以下因素：

1. 优势比（OR）：1.851 037 的优势比表明，受访者每周多听一天古典音乐，在李克特量表上处于（压力较小）类别的概率，与处于相同或较低（压力较大）类别的概率相比，增加了 1.851 037 倍。换句话说，听古典音乐的频率越高，处于较低压力水平的概率就越大。
2. 置信区间（CI）：95%置信区间[1.110 62，3.085 067]表明，我们可以有 95%的信心认为真实的优势比在这个范围内。由于整个区间大于 1，表明欣赏古典音乐的行为和压力水平的降低，在统计学上是存在关联的。如果置信区间包含 1，则意味着古典音乐欣赏和压力水平降低在统计学上可能并不存在显著的关联性。

综上所述，研究结果表明，在中年人当中，听古典音乐越多，感受到的压力越小。置信区间支持了这种关系在统计学上的显著性。

AI 模型在情感分析领域的应用之有效，令人瞩目。

情感分析过程涉及标记数据以确定潜在的情绪，如积极、消极或中性。传统上，这项工作由人工标注人员手动完成，费时费力，从而限制了分析的规模和速度。但是，自然语言处理（NLP）的最新进展，让我们看到了各种机器学习模型的兴起，这些模型可以以相当高甚至比传统方式更高的精度，去执行情感分析这项任务。

在这些模型中，GPT－4 因其对语言和文本的深刻理解脱颖而出。它能够对文本进行精准地分析，从而精准地推断情感，通常不需要我们再去做大量的微调工作。这种从人工手动标注到使用 GPT－4 等 AI 模型自动进行情感分析的转变，彻底改变了我们分析和理解社交媒体数据中的情感的工作方式，为研究人员提供了更高效和可扩展的解决方案。

考虑到ChatGPT实行的字符限制，处理冗长的访谈记录需要一种特殊的方法。我们不是一次性输入整个文本，而是将文本拆分成若干片段，每个片段都符合模型的最大字符限制。对于每个片段，我们提示ChatGPT进行识别并生成主题。在处理完所有单独的片段之后，我们再让模型给这些片段编辑主题。在此过程中，我们密切关注可能出现在不同片段中的重复或高度相似的主题。为了确保最终的主题既独特又独立，我们要求ChatGPT整合重复或高度相似的主题。这个过程确保了最终被留下的主题代表了一个独特的概念或模式，从而实现对访谈内容全面而简化的概述。

提示词：

作为我的研究助理，你将通过研究下面的推特文字，学会辨别人们对美国征收汽水税的三种态度——积极的、消极的和中立的。之后，我会为你提供所要分析的推特文字，让你标注这些文字所表达的情绪。

示例1：

推特：我支持征收汽水税，因为这有助于减少肥胖和糖尿病。汽水不是必需品，而是奢侈品。既然你喝得起汽水，你应该就能为它多付一点点钱。#sodatax#healthyliving

情绪：积极的

示例2：

推特：汽水税是不公平和无效的。它只会伤害低收入家庭和小微企业，却不会改变人们的行为，除了让他们为自己的选择付出更多的代价。#nosodatax#freedom

情绪：负面的

示例3：

推特：汽水税是一个有争议的话题。有些人认为它对公共健康和环境保护都有好处；也有些人认为它不利于经济发展，伤害了个人自由。你怎么看？#sodatax#debate

情绪：中性的

请评估以下推特文字中的情绪：

推特：汽水税是一项保姆式的国家政策，侵犯了我们的权利，是建立在糟糕的所谓的科学研究基础上的。它不会让我们更健康，只会让我们变贫穷。

情绪：

推特：汽水税是设立健康教育项目的聪明之法。它让汽水公司为其产品支付社会成本，并且，通过税收的调节，可以鼓励人们多喝水和果汁。#sodatax#investinpeople

情绪：

回应：

推特：汽水税是一项保姆式的国家政策，侵犯了我们的权利，是建立在糟糕的所谓的科学研究基础上的。它不会让我们更健康，只会让我们变贫穷。

情绪：负面的

推特：汽水税是设立健康教育项目的聪明之法。它让汽水公司为其产品支付社会成本，并且，通过税收的调节，可以鼓励人们多喝水和果汁。#sodatax#investinpeople

情绪：积极的

本章的其余部分将致力于探索在分析定性数据（特别是文本）时如何使用 ChatGPT。我们通过具体的案例来评估 ChatGPT 执行主题分析的能力，这是一种识别、分析和报告数据中的模式或者“主题”的方法。

传统上，人类研究员通过以下步骤来进行主题分析：熟悉数据、生成初始代码、搜索主题、审查和定义主题，最后生成报告。这种方法虽然全面，但带来了挑战。它是劳动密集型的，需要研究人员投入大量的时间和精力。此外，它还受个人偏好和偏见的影响，可能会损害研究结果的有效性。考虑到这些因素，我们尝试使用 ChatGPT，看看它是否可以替代人类，成为主题分析的一个有效而客观的替代方案。

考虑到 ChatGPT 实行的字符限制，处理冗长的访谈记录需要一种特殊的方法。我们不是一次性输入整个文本，而是将文本拆分成若干片段，每个片段都符合模型的最大字符限制。对于每个片段，我们提示 ChatGPT 进行识别并生成主题。在处理完所有单独的片段之后，我们再让模型给这些片段编辑主题。在此过程中，我们密切关注可能出现在不同片段中的重复或高度相似的主题。为了确保最终的主题既独特又独立，我们要求 ChatGPT 整合重复或高度相似的主题。这个过程确保了最终被留下的主题代表了一个独特的概念或模式，从而实现对访谈内容全面而简化的概述。

访谈数据下载自哈佛数据库

（https://library. harvard. edu/service-tools/harvard-dataverse），由麦克法伦等于 2020 年收集。

提示词：

作为一名大学研究员，你正在对访谈记录进行主题分析。这些访谈以有肥胖风险的婴幼儿和他们的西班牙裔母亲为对象，重点关注孩子的进食和睡眠习惯。

你的职责包括识别和总结访谈中的主题。为此，请完成以下三项任务：

1. 撰写一个简明的主题句来总结每个主题。
2. 提供每个主题的详细解释。
3. 从访谈记录中选择最多三段未经改动的原始引文来说明每个主题。

请谨记这三项任务，避免出现任何其他无关信息。

###

访谈记录：

问：当你的孩子还是婴幼儿的时候，你是如何抚养他的？
答：这是一段美好的经历。当然，照顾小宝宝不是件容易的事，因为我之前没有很多经验。这是段艰难而美好的经历。

问：你遇到了哪些困难?

答：可能是喂食方面吧。有时候我不太清楚应该给他吃什么。孩子们有时候就想吃某些食物，而不肯吃另外一些食物。有时候，但这样的时候不多，我儿子会告诉我他想吃蔬菜。大部分时候，他都不喜欢吃蔬菜，这很成问题。

问：在抚养小宝宝的过程中，你觉得最大的收获是什么，或者说，什么让你感到满意?

答：觉得自己有用，为人母是一件很甜蜜的事。

问：有人帮你吗？我不知道你是否有丈夫帮忙……

答：有的。

问：你还有其他家人吗?

答：只有我丈夫和我 10 岁的女儿。

问：你没有朋友吗?

答：有一个朋友。

问：一个朋友。还有其他人吗?

答：(听不清[00：01：39]—[00：01：41])

问：所以，没人帮你、可以让你能够抽身去参加一些聚会，或者去看医生之类的？唯一帮你的人是你的……

答：只有我和我丈夫。

问：你会开车吗?

答：不会。

问：你能告诉我你住在哪里吗？既然你说你家只有你丈夫，你，10 岁的女孩……

答：还有一个小宝宝，我的儿子。

问：你们在这里住了多久?

答：什么?

问：你们在这里住了多久?

答：不久。我们在这里住了大概才三个月。你指的是住在这里还是来到美国?

问：我指这里，奥斯汀。

答：我们住到奥斯汀有两年了。

问：你觉得自己得到来自社区的支持了吗——你说你不认识这里的任何人，没有朋友。

答：还没有，因为我来到这里才三个月。

问：你觉得这里安全吗？

答：安全的。

问：你喜欢这里吗？

答：是的，我喜欢这里。这是一个非常宁静的地方，没有噪声，这对孩子们来说是很好的。

问：你谈到抚养小宝宝的困难之一是喂食。你可以和我说说，你给他吃哪些正餐和零食吗？

答：他吃水果、米饭、土豆，我最近在给他增加蔬菜，但很少。他非常喜欢汤和奶油。

问：你依据什么来决定喂他吃什么？他和你吃一样的东西吗？

答：我不为他额外准备食物。

问：你手头有什么，或者正巧那天商店里有什么，就给他吃什么，是这样吗？

答：是的，就看我手头有什么。还有嘉宝这样的东西（Gerber，婴儿辅食品牌——译者注）。

问：当孩子不肯吃某样东西时，你觉得难在哪里？

答：什么？我没听明白。

问：在喂食方面，除了小宝宝不肯吃某样东西，其他还有什么吗？

答：只有蔬菜，他不喜欢吃蔬菜。

问：还有其他不爱吃的吗？

答：没有了，其他他都爱吃。

问：他喝配方奶还是你还在母乳喂养？

答：他只喝母乳。

问：他喝多少母乳？

答：什么？

问：多少量？

答：每两小时喂他一次母乳，每次喂 15 到 20 分钟。他绝对是喝得够够的。

问：每两小时一次？

答：母乳喂养？

问：你每天几次喂他吃母乳之外的食物？

答：三次。

问：每天三次。他吃东西的时候是不是就坐在椅子上？

答：是的，他有一把高椅子。

问：孩子们不看电视吗？

答：不看。

问：给孩子喝什么类型的饮料？

答：目前只给他喝水。

问：不给他喝果汁吗？

答：不给。

问：他一天睡几次？

答：白天，他只在 11 点钟的时候，睡上大约半小时。他会醒来，会在 11 点钟左右睡了半小时之后醒来。然后在下午 3 点钟的时候再睡大约 30 分钟，然后一直醒着，直到晚上。

问：夜间他不会醒吗？

答：哦，他会醒两三次，起来吃母乳，他胃口很好。

问：你喂他母乳？

答：是的，给他喝母乳。

问：夜间？

答：是的。

问：每晚起来两三次。喝完母乳之后，他就睡觉？

答：是的，他就睡觉和喝奶这两件事。

问：他睡在哪里？

答：他睡在他自己的小床上。我会抱他一会儿，然后他就会想回到床上去。

问：他的床在你的房间里？

答：是的。

问：女儿也睡在你房间里吗？

答：是的。她也睡在我的房间里，因为她生病了，不能一个人睡。她夜里容易抽搐，所以不能让她单独睡，我们得看着她点。

问：你们自己有多少空闲时间？孩子们是像现在这样玩的吗？她自己玩玩具，不会到处乱走？

答：不，我儿子现在在玩玩具——而她，不是我的孩子。

问：什么？

答：她不是我的孩子。

问：哦，好吧。

答：我儿子在玩玩具。他喜欢地毯，我把他放在地上。他已经有了属于他的小玩具。他会去抓任何他够得着的东西——他已经开始想走路了。

问：她是你朋友的孩子？

答：亲戚家的。

回应：

主题 1： 喂养儿童健康食品的困难

主题句：西班牙裔母亲们努力为她们的婴儿和蹒跚学步的幼儿提供健康食物，尤其是蔬菜。

解释：家有婴儿和蹒跚学步的幼儿的西班牙裔母亲们，面临的主要挑战之一是给孩子提供健康饮食，尤其是蔬菜。她们经常在决定给孩子们吃什么食物和如何让孩子吃健康食物（如蔬菜）方面遭遇困难。这是一个令人担忧的问题，因为这可能会增加这些孩子肥胖的风险。

引文：

1. “可能是喂食方面吧。有时候我不太清楚应该给他吃什么。”
2. “孩子们有时候就想吃某些食物，而不肯吃另外一些食物。”
3. “有时候，但这样的时候不多，我儿子会告诉我他想要吃蔬菜。大部分时候，他都不喜欢吃蔬菜，这很成问题。"

主题 2： 有限的社会支持网络

主题句：有婴幼儿的西班牙裔母亲通常只能依靠有限的社会支持网络。

解释：访谈记录显示，这些西班牙裔母亲的社会支持网络通常很有限，主要由直系亲属组成，如她们的丈夫和年龄大些的孩子。支持网络的缺乏，导致她们很少有机会参加聚会、看医生或向他人寻求建议。

引文：

1. "只有我丈夫和我 10 岁的女儿。"
2. "有一个朋友。"
3. "所以，没人帮你、可以让你能够抽身去参加一些聚会，或者去看医生之类的？唯一帮你的人是你的……""只有我和我丈夫。"

主题 3： 母乳喂养和睡眠习惯的重要性

主题句：母乳喂养和睡眠习惯是照顾有肥胖风险的婴幼儿的重要方面。

解释：访谈强调，母乳喂养是婴儿护理的核心部分，母亲们经常在白天和晚上进行母乳喂养。此外，睡眠习惯，包括午睡的频率和持续时间，以及夜间睡眠的频率和持续时间，都是儿童健康的重要方面。

引文：

1. "他只吃母乳。"
2. "每两小时喂他一次母乳，每次喂 15 到 20 分钟。他绝对是喝得够够的。"
3. "白天，他只在 11 点钟的时候，睡上大约半小时。是的，他会醒来，会在 11 点钟左右睡了半小时之后醒来。然后在下午 3 点钟的时候再睡大约 30 分钟，然后一直醒着，直到晚上。"

提示词：

作为一名大学研究员，你正在对访谈记录进行主题分析。这些访谈以有肥胖风险的婴幼儿和他们的西班牙裔母亲为对象，重点关注孩子的进食和睡眠习惯。

你的职责包括识别和总结访谈中的主题。为此，请完成以下三项任务：

1. 写一个简明的主题句来总结每个主题。
2. 提供每个主题的详细解释。
3. 从访谈记录中选择最多三段未经改动的原始引文来说明每个主题。

请谨记这三项任务，避免出现任何其他无关信息。

###

访谈记录

问：那么，他现在不看电视？他不用电话或类似的东西？

答：不。

问：你认为什么样的行为或动作对宝宝来说是健康的？

答：事实上，他会爬，会试着站起来，我觉得这些对他的成长都很有帮助。他现在还会自己玩耍，以他的年龄来说，我觉得他已经超前发育了。

问：当你想做一些有益于你儿子健康的事时，会遇到困难吗？

答：我不知道，就目前来说，没遇到什么困难。

问：医生跟你说过他的体重吗？

答：是的。

问：他怎么说的？

答：他说，就孩子的年龄而言，他有点超重了。我得稍微注意一下他的饮食，因为他确实有点胖。他说，孩子的体重应该与他的年龄相适应。

问：他有没有告诉你，孩子应该吃哪种食物或者吃多少？

答：嗯，是要小心一点。他不喜欢吃蔬菜，我得试着让他多吃一些蔬菜。我的乳房（的状态）也告诉我，母乳喂养对他来说已经没必要了。在他这个年纪，他应该整晚睡觉，而不是一夜起来几次。但要断奶很困难，因为晚上他不肯睡觉，想要喝奶。

问：你试过用其他东西来代替母乳喂养吗？

答：还没有。

问：你和你的朋友或家人谈论过这件事吗？

答：没有。

问：你去过社区护理诊所吗？感受如何？

答：感受不错，我觉得社区护理诊所给予了我们很好的关注。到目前为止，我还没有遇到什么问题，只是每次我需要有人来帮忙照看我儿子时，就只有我一个人。

问：有什么服务是你想要而他们还没有提供的？

答：没有。

问：他们有没有跟你说，他们还有其他一些研究在做，会有一些课程在三月份开始，一些其他的课程？

答：是的，他们向我推荐了三月份的课程。

问：你会去上那些课吗？

答：我现在还说不准，大概会去的。

问：去诊所参加这类健康课程，对你来说有困难吗？

答：我有没有困难？你看，因为我大女儿的情况，我现在没有出去工作了，我想我也不能出去工作了。所以对我来说，参加这类课程并不是很难。但是，有时候交通会是问题。是的，就像我告诉你的，我丈夫现在出门去了，他很快就会回来的，因为他很早就出门去了。他们告诉我，课程 8 点开始，因为交通问题，我赶不上课程。我不开车，是的，有时候因为交通的原因，让我难以去参加这些课程。不过，其他方面都没有问题。我还是很有可能会去参加的。

问：那个女孩是你亲戚家的，当你没法照顾你的孩子时，你的亲戚们会来帮你吗？

答：女孩的妈妈这会儿正在工作。有时候她自己带孩子，有时候不会。当她不得不去工作时，她就把女孩带到我这里，我照顾他们两个，我儿子和她女儿。

问：你如何决定给孩子们吃什么才是健康的？你会询问你的医生或者其他家庭成员吗？

答：我和儿科医生谈过。有时儿科医生会建议我该给孩子吃什么和不该给他吃什么。还有，她会给我一些 WIC（Women，Infants and Children 的英文首字母组合——译者注）组织派发的食品。我想，那是他们给的食物，对孩子来说肯定是健康的。这对我喂养孩子有帮助。

问：你也是这样喂养你的大女儿的吗？

答：是的。大女儿也是这样喂养长大的。她从很小时候开始，在体重方面就有些问题，因为在六个月大的时候，她就开始吃东西了。她吃得很多。我对她不满意，因为即使现在她还是很矮。医生总是告诉我她太胖了。和她一起吃饭是件很困难的事，因为她什么都想要，渴望一切。

问：现在很难对孩子们说"不"。

答：是的。如果对他们说"不"，他们就会哭个不停。有时我的丈夫会生我的气，告诉我不能给孩子嘉宝了。我给孩子一罐嘉宝，他总是很快吃光，然后想跟我要更多。我丈夫告诉我不要再相信他们了。我不能让他们养成暴饮暴食的习惯。但是他不听话，不停地哭。作为一个母亲，看到孩子们哭，我会很难过。有时候，我的感情会战胜理智。

问：女儿因为生病没去上学？

答：她上学的，但有时去，有时不去。所以现在我把她视为"特殊患者"，因为她在学校里有很多问题，她经常受到攻击。因此，她确实经常缺课。一个星期她可能会有三天去学校，另外两天就不去了，因为她不想去。

问：学校近吗？

答：大概 15 分钟的路程。

问：他们会一起玩吗？（指受访者的儿子和亲戚家的女儿——译者注）

答：不一起玩。因为小女孩还不会自己坐。我担心他会失手打她，因为他还不懂事。他会自己玩，我让他一个人在那里玩，而把他和她放一起的话，我害怕他会伤害她。她妈妈一个星期前才把她交给我照顾。之前是另外一个人照顾她，但她有些问题，照顾得不好。

问：会有其他人来帮你一起照顾孩子吗？

答：我丈夫不工作的时候会帮我一起照顾孩子。这个小女孩也不是天天由我照顾。比如昨天，他们就没有交给我带，只是今天给我带了，明天又不会过来的。一天来，一天不来。

回应：

主题 1： 促进儿童健康习惯的重要性

主题句：西班牙裔母亲们认识到鼓励她们的婴幼儿形成健康行为习惯的重要性，这有助于孩子们的发育和防止肥胖。

解释：母亲们明白像爬行、站立和玩耍这类活动，有助于孩子的发育，她们努力为孩子提供一个健康的环境。她们也认可医生的建议，比如鼓励孩子摄入蔬菜和养成良好的睡眠习惯。

引文：

1. "事实上，他会爬，会试着站起来，我觉得这些对他的成长都很有帮助。"
2. "他说，就孩子的年龄而言，他有点超重了。我得稍微注意一下他的饮食，因为他确实有点胖。他说，孩子的体重应该与他的年龄相适应。"
3. "我的乳房（的状态）也告诉我，母乳喂养对他来说已经没必要了。在他这个年纪，他应该整晚睡觉，而不是一夜起来几次。"

主题 2： 西班牙裔母亲在培养孩子健康习惯方面面临挑战

主题句：西班牙裔母亲在培养孩子健康习惯方面遇到困难，比如处理孩子对某些食物的抗拒，或者在拒绝他们的要求时控制自己的情绪。

解释：受访的母亲们表达了她们在尝试给孩子喂健康食物时所面临的挑战，尤其是当孩子拒绝吃蔬菜或者强烈渴望更多食物的时候。她们还提到对孩子说"不"时感受到的情感压力，这让培养孩子健康习惯变得困难。

引文：

1. "他不喜欢吃蔬菜，我得试着让他多吃一些蔬菜。"
2. "和她一起吃饭是件很困难的事，因为她什么都想要，渴望一切。"
3. "他不听话，不停地哭。作为一个母亲，看到孩子们哭，我会很难过。有时候，我的感情会战胜理智。"

主题 3： 来自医疗保健人员和社区的支持

主题句：西班牙裔母亲依赖医疗保健人员和社区资源来指导和支持她们的孩子养成健康习惯。

解释：受访的母亲们与医疗保健提供者，如儿科医生，以及社区资源如 WIC 组织和社区护理诊所，讨论她们的状况。这些支持来源提供指导、建议和资源，帮助母亲们为她们的孩子作出健康的选择。

引文：

1. “我和儿科医生谈过的。有时儿科医生会建议我该给孩子吃什么和不该给她吃什么。”
2. “还有，她会给我一些 WIC 组织派发的食品。我想，那是他们给的食物，对孩子来说肯定是健康的。”
3. “感受不错，我觉得社区护理诊所给予了我们很好的关注。到目前为止，我还没有遇到什么问题，只是每次我需要有人来帮忙照看我儿子时，就只有我一个人。”

提示词：

作为一名大学研究员，你一直在对有肥胖风险的婴幼儿的西班牙裔母亲的访谈记录进行主题分析。这些访谈探究了孩子们的饮食和睡眠习惯。

以下是确定的主题及其各自的解释和未经修改的引用。你的任务是归纳主题，以及相应的解释和引文。在此过程中，注意重复或高度相似的主题，在适当的时候将它们合并成一个主题。只有当两个或两个以上的主题表现出重复或高度相似时，才应该予以合并；否则，它们应该保持独立。如果你合并了多个主题，包括它们的解释和引文，你一定要明确说明哪些主题已经被合并，并阐述你的合并理由。

###

主题 1：　喂养儿童健康食品的困难

主题句：西班牙裔母亲们努力为她们的婴儿和蹒跚学步的幼儿提供健康食物，尤其是蔬菜。

解释：家有婴儿和蹒跚学步的幼儿的西班牙裔母亲们，面临的主要挑战之一是给孩子提供健康饮食，尤其是蔬菜。她们经常在决定给孩子们吃什么食物和如何让孩子吃健康食物（如蔬菜）方面遭遇困难。这是一个令人担忧的问题，因为这可能会增加这些孩子肥胖的风险。

引文：

1. “可能是喂食方面吧。有时候我不太清楚应该给他吃什么。”
2. “孩子们有时候就想吃某些食物，而不肯吃另外一些食物。”
3. “有时候，但这样的时候不多，我儿子会告诉我他想要吃蔬菜。大部分时候，他都不喜欢吃蔬菜，这很成问题。”

主题 2： 有限的社会支持网络

主题句：有婴幼儿的西班牙裔母亲通常只能依靠有限的社会支持网络。

解释：访谈记录显示，这些西班牙裔母亲的社会支持网络通常很有限，主要由直系亲属组成，如她们的丈夫和年龄大些的孩子。支持网络的缺乏，导致她们很少有机会参加聚会、看医生或向他人寻求建议。

引文：

1. “只有我丈夫和我 10 岁的女儿。”
2. “有一个朋友。”
3. “所以，没人帮你、可以让你能够抽身去参加一些聚会，或者去看医生之类的？唯一帮你的人是你的……”“只有我和我丈夫。”

主题 3： 母乳喂养和睡眠习惯的重要性

主题句：母乳喂养和睡眠习惯是照顾有肥胖风险的婴幼儿的重要方面。

解释：访谈强调，母乳喂养是婴儿护理的核心部分，母亲们经常在白天和晚上进行母乳喂养。此外，睡眠习惯，包括午睡的频率和持续时间，以及夜间睡眠的频率和持续时间，都是儿童健康的重要方面。

引文：

1. “他只吃母乳。”
2. “每两小时喂他一次母乳，每次喂 15 到 20 分钟。他绝对是喝得够够的。”
3. “白天，他只在 11 点钟的时候，睡上大约半小时。是的，他会醒来，会在 11 点钟左右睡了半小时之后醒来。然后在下午 3 点钟的时候再睡大约 30 分钟，然后一直醒着，直到晚上。”

主题 4：培养儿童健康习惯的重要性

主题句：西班牙裔母亲们认识到鼓励她们的婴幼儿形成健康行为习惯的重要性，这有助于孩子们的发育和防止肥胖。

解释：母亲们明白像爬行、站立和玩耍这类活动，有助于孩子的发育，她们努力为孩子提供一个健康的环境。她们也认可医生的建议，比如鼓励孩子摄入蔬菜和养成良好的睡眠习惯。

引文：

1. "事实上，他会爬，会试着站起来，我觉得这些对他的成长都很有帮助。"
2. "他说，就孩子的年龄而言，他有点超重了。我得稍微注意一下他的饮食，因为他确实有点胖。他说，孩子的体重应该与他的年龄相适应。"
3. "我的乳房（的状态）也告诉我，母乳喂养对他来说已经没必要了。在他这个年纪，他应该整晚睡觉，而不是一夜起来几次。"

主题 5：西班牙裔母亲在培养孩子健康习惯方面面临挑战

主题句：西班牙裔母亲在培养孩子健康习惯方面遇到困难，比如处理孩子对某些食物的抗拒，或者在拒绝他们的要求时控制自己的情绪。

解释：受访的母亲们表达了她们在尝试给孩子喂健康食物时所面临的挑战，尤其是当孩子拒绝吃蔬菜或者强烈渴望更多食物的时候。她们还提到对孩子说"不"时感受到的情感压力，这让培养孩子健康习惯变得困难。

引文：

1. "他不喜欢吃蔬菜，我得试着让他多吃一些蔬菜。"
2. "和她一起吃饭是件很困难的事，因为她什么都想要，渴望一切。"
3. "他不听话，不停地哭。作为一个母亲，看到孩子们哭，我会很难过。有时候，我的感情会战胜理智。"

主题 6：来自医疗保健人员和社区的支持

主题句：西班牙裔母亲依赖医疗保健人员和社区资源来指导和支持她们的孩子养成健康的习惯。

解释：受访的母亲们与医疗保健提供者，如儿科医生，以及社区资源如 WIC 组织和社区护理诊所，讨论她们的状况。这些支持来源提供指导、建议和资源，帮助母亲们为她们的孩子作出健康的选择。

引文：

1. “我和儿科医生谈过。有时儿科医生会建议我该给孩子吃什么和不该给她吃什么。”
2. “还有，她会给我一些 WIC 组织派发的食品。我想，那是他们给的食物，对孩子来说肯定是健康的。”
3. “感受不错，我觉得社区护理诊所给予了我们很好的关注。到目前为止，我还没有遇到什么问题，只是每次我需要有人来帮忙照看我儿子时，就只有我一个人。”

回应：

在对主题进行全面、透彻的分析后，我决定合并主题 1 和主题 5，因为它们都讨论了西班牙裔母亲在培养婴幼儿健康习惯方面所面临的挑战。这两个主题都强调了喂养儿童健康食品的困难，特别是蔬菜，以及在强制儿童养成健康习惯时母亲所感受到的情感压力。通过合并这些主题，我们可以更全面地了解这些母亲所面临的挑战。

综合主题：培养健康习惯的挑战

主题句：西班牙裔母亲在培养他们的婴幼儿的健康习惯方面面临困难，包括给他们喂健康的食物，以及在培养这些习惯时控制自己的情绪。

解释：访谈显示，婴幼儿的西班牙裔母亲面临的主要挑战之一是给她们的孩子喂健康的饮食，尤其是蔬菜。在决定给孩子吃什么样的食物，以及让孩子们保持摄入健康的食物，如蔬菜等方面，她们经常遇到困难。此外，当孩子想吃不健康的食物时，对他们说“不”也让母亲们承受着情感压力。这是一个令人担忧的问题，因为这可能会增加这些孩子肥胖的风险。

引文：

1. “可能是喂食方面吧。有时候我不太清楚应该给他吃什么。”
2. “孩子们有时候就想吃某些食物，而不肯吃另外一些食物。”
3. “有时候，但这样的时候不多，我儿子会告诉我他想要吃蔬菜。大部分时候，他都不喜欢吃蔬菜，这很成问题。"

4. "他不喜欢吃蔬菜，我得试着让他多吃一些蔬菜。"
5. "和她一起吃饭是件很困难的事，因为她什么都想要，渴望一切。"
6. "他不听话，不停地哭。作为一个母亲，看到孩子们哭，我会很难过。有时候，我的感情会战胜理智。"

其余的主题将保持不变：

主题 2：有限的社会支持网络

主题 3：母乳喂养和睡眠习惯的重要性

主题 4：培养儿童健康习惯的重要性

主题 6：来自医疗保健人员和社区的支持

扎根理论是一种定性研究方法，它不是从预先定义的概念或假设开始，而是起源于经验数据集。扎根理论的核心原则是，当研究人员在没有任何先入为主的理论、观念的情况下接近他们的数据时，就会出现最真实、最具洞察力的理论。通过这种方式，研究人员能够让概念和理论真正从数据本身中浮现出来，从而在各自的研究领域中获得可靠、真实和新颖的理解。

这种方法对于探索性研究尤其有效，因为人们对被研究的现象知之甚少。在我们评估 ChatGPT 的扎根理论分析能力时，为了简单起见，我们把重点放在示例访谈记录的第二部分。对于有意将扎根理论分析应用于较长文本的读者，可以采用主题分析部分介绍的技术。即先将文本拆分成多个部分，对每个部分应用扎根理论分析，并根据预先定义的研究问题对结果进行整合，即识别代码、类别和主题。

访谈数据下载自哈佛数据库

(https://library.harvard.edu/service-tools/harvard-dataverse)，由麦克法伦等于 2020 年收集。

提示词：

我有一组访谈记录，希望你能用扎根理论方法来做分析。研究的问题是"是什么样的社会、文化和经济因素驱动了西班牙裔母亲的婴儿喂养模式和睡眠模式？"

请使用扎根理论方法来分析这些访谈记录，找出反映西班牙裔母亲育儿经历的关键概念、类别和主题。

以下是我希望你在分析中采取的具体步骤：

1. 请使用开放和轴向编码技术对转录文本进行编码，以识别数据中的关键概念、类别和主题。
2. 用这些代码来捕捉体现数据本质的类别和主题。即找出和整合相似的代码，并提炼出综合主题。
3. 请根据类别和主题，创建一个概念框架来解释它们之间的关系。该框架应该建立在数据的基础上，并能为西班牙裔母亲们的经历提供解释。
4. 最后，请写出研究结果，其中应该包括对研究问题的描述、概念框架，以及支持研究结果的数据示例。请解释研究结果对理论和实践的意义。

###

访谈记录：

问：那么，他现在不看电视？他不用电话或类似的东西？

答：不。

问：你认为什么样的行为或动作对宝宝来说是健康的？

答：事实上，他会爬，会试着站起来，我觉得这些对他的成长都很有帮助。他现在还会自己玩耍，以他的年龄来说，我觉得他已经超前发育了。

问：当你想做一些有益于你儿子健康的事时，会遇到困难吗？

答：我不知道，就目前来说，没遇到什么困难。

问：医生跟你说过他的体重吗？

答：是的。

问：他怎么说的？

答：他说，就孩子的年龄而言，他有点超重了。我得稍微注意一下他的饮食，因为他确实有点胖。他说，孩子的体重应该与他的年龄相适应。

问：他有没有告诉你，孩子应该吃哪种食物或者吃多少？

答：嗯，是要小心一点。他不喜欢吃蔬菜，我得试着让他多吃一些蔬菜。我的乳房（的状态）也告诉我，母乳喂养对他来说已经没必要了。在他这个年纪，他应该整晚睡觉，而不是一夜起来几次。但要断奶很困难，因为晚上他不肯睡觉，想要喝奶。

问：你试过用其他东西来代替母乳喂养吗？

答：还没有。

问：你和你的朋友或家人谈论过这件事吗？

答：没有。

问：你去过社区护理诊所吗？感受如何？

答：感受不错，我觉得社区护理诊所给予了我们很好的关注。到目前为止，我还没有遇到什么问题，只是每次我需要有人来帮忙照看我儿子时，就只有我一个人。

问：有什么服务是你想要而他们还没有提供的？

答：没有。

问：他们有没有跟你说，他们还有其他一些研究在做，会有一些课程在三月份开始，一些其他的课程？

答：是的，他们向我推荐了三月份的课程。

问：你会去上那些课吗？

答：我现在还说不准，大概会去的。

问：去诊所参加这类健康课程，对你来说有困难吗？

答：我有没有困难？你看，因为我大女儿的情况，我现在没有出去工作了，我想我也不能出去工作了。所以对我来说，参加这类课程并不是很难。但是，有时候交通会是问题。是的，就像我告诉你的，我丈夫现在出门去了，他很快就会回来的，因为他很早就出门去了。他们告诉我，课程 8 点开始，因为交通问题，我赶不上课程。我不开车，是的，有时候因为交通的原因，让我难以去参加这些课程。不过，其他方面都没有问题。

我还是很有可能会去参加的。

问：那个女孩是你亲戚家的，当你没法照顾你的孩子时，你的亲戚们会来帮你吗？

答：女孩的妈妈这会儿正在工作。有时候她自己带孩子，有时候不会。当她不得不去工作时，她就把女孩带到我这里，我照顾他们两个，我儿子和她女儿。

问：你如何决定给孩子们吃什么才是健康的？你会询问你的医生或者其他家庭成员吗？

答：我和儿科医生谈过。有时儿科医生会建议我该给孩子吃什么和不该给他吃什么。还有，她会给我一些 WIC（Women，Infants and Children 的英文首字母）项目派发的食品。我想，那是他们给的食物，对孩子来说肯定是健康的。这对我喂养孩子有帮助。

问：你也是这样喂养你的大女儿的吗？

答：是的。大女儿也是这样喂养长大的。她从很小时候开始，在体重方面就有些问题，因为在六个月大的时候，她就开始吃东西了。她吃得很多。我对她有不满意，因为即使现在她还是很矮。医生总是告诉我她太胖了。和她一起吃饭是件很困难的事，因为她什么都想要，渴望一切。

问：现在很难对孩子们说“不”。

答：是的。如果对他们说“不”，他们就会哭个不停。有时我的丈夫会生我的气，告诉我不能给孩子嘉宝了。我给孩子一罐嘉宝，他总是很快吃光，然后想跟我要更多。我丈夫告诉我不要再相信他们了。我不能让他们养成暴饮暴食的习惯。但是他不听话，不停地哭。作为一个母亲，看到孩子们哭，我会很难过。有时候，我的感情会战胜理智。

问：女儿因为生病没去上学？

答：她上学的，但有时去，有时不去。所以现在我把她诊断为“特殊患者”，因为她在学校里有很多问题，她经常受到攻击。因此，她确实经常缺课。一个星期她可能会有三天去学校，另外两天就不去了，因为她不想去。

问：学校近吗？

答：大概 15 分钟的路程。

问：他们会一起玩吗？（指受访者的儿子和亲戚家的女儿——译者注）

答：不一起玩。因为小女孩还不会自己坐。我担心他会失手打她，因为他还不懂事。他会自己玩，我让他一个人在那里玩，而把他和她放一起的话，我害怕他会伤害她。她妈妈一个星期前才把她交给我照顾。之前是另外一个人照顾她，但她有些问题，照顾得不好。

问：会有其他人来帮你一起照顾孩子吗？

答：我丈夫不工作的时候会帮我一起照顾孩子。这个小女孩也不是天天由我照顾。比如昨天，他们就没有交给我带，只是今天给我带了，明天又不会过来的。一天来，一天不来。

回应：

步骤 1：对转录文本进行开放和轴向编码

开放编码：

1. 婴儿的健康行为
2. 幼儿的发展
3. 医生对婴幼儿体重的建议
4. 婴儿的喂养模式
5. 婴儿睡眠困难
6. 社区护理诊所经历
7. 获得医疗保健服务
8. 交通的挑战
9. 家庭参与儿童保育
10. 儿科医生的营养建议
11. WIC 项目的介入
12. 年龄稍大孩子的喂养挑战
13. 特殊需求和学校出勤率
14. 孩子之间的互动

轴向编码：

1. 婴儿健康与发育
2. 医疗保健资源的获得和体验

3. 家庭互动模式和支持系统
4. 营养和喂养方面的挑战

步骤 2： 制定分类和主题

类别：

1. 婴儿健康和发展
2. 医疗保健服务的获取和体验
3. 家庭互动模式和支持系统
4. 营养和喂养方面的挑战

主题：

1. 平衡婴儿发育和健康问题
2. 医疗保健服务和障碍导引
3. 家庭和社会网络在儿童保育中的作用
4. 培养健康饮食习惯的努力

步骤 3： 创建一个概念框架

1. 平衡婴儿发育和健康问题

(1) 关注健康行为和重要发展阶段。

(2) 解决医疗保健服务提供者对体重的担忧。

2. 医疗保健服务和障碍导引

(1) 在社区护理诊所的积极体验。

(2) 交通挑战和获得服务的机会有限。

3. 家庭和社会网络在儿童保育中的作用

(1) 育儿对家庭的依赖性。

(2) 与家庭成员沟通的重要性。

4. 培养健康饮食习惯的努力

(1) 儿科医生和 WIC 项目的营养指导。

(2) 实施健康饮食习惯的挑战。

步骤 4： 研究结果报告

研究问题：是什么样的社会、文化和经济因素驱动了西班牙裔母亲的婴儿喂养模式和睡眠模式？

研究结果：对访谈记录的分析，揭示了四个主要主题，这些主题反映了西班牙裔母亲在婴儿喂养实践和睡眠模式方面的经历。这些主题包括平衡婴儿发育和健康问题、医疗保健服务和障碍导引、家庭和社会网络在儿童保育中的作用和培养健康饮食习惯的努力。

第一个主题是平衡婴儿发育和健康问题，强调了母亲对促进婴儿健康行为和重要发展节点的重要性。然而，医疗保健服务提供者对其婴儿体重的担忧，可能会使她们在决定如何养育子女时产生紧张感。

医疗保健服务和障碍导引是访谈记录中出现的第二个主题。母亲们通常在社区护理诊所等医疗保健机构有积极的体验，但交通方面的挑战和获得服务机会的有限性，使得她们难以坚持赴约或参加课程。

第三个主题，家庭和社会网络在儿童保育中的作用，强调了西班牙裔母亲在育儿过程中对家庭的依赖。与家庭成员的沟通在育儿过程中发挥着举足轻重的作用，在某些情况下，母亲也可能为大家庭成员的孩子提供照顾。

最后，“培养健康饮食习惯的努力”的主题表明，母亲们从儿科医生和 WIC 这类项目中获得营养指导。然而，由于诸如婴儿偏好、家庭互动模式和父母情感方面的因素，实施健康的喂养习惯颇具挑战性。

研究结果对理论和实践的意义：这项研究有助于我们理解影响西班牙裔母亲的婴儿喂养习惯和睡眠模式的复杂因素。医疗保健服务提供者、决策者和社区组织可以利用这些结果制定有针对性的干预措施和支持策略，以解决西班牙裔母亲在促进婴儿健康行为和发育方面所面临的挑战。

话语分析是人类研究者进行文本数据分析的另一个常用方法。这种方法深入研究使用中的语言，重点关注人的社会身份、文化观点对口语和书面语的影响。话语分析包括仔细检查词语的选择、语法、说话时的肢体动作，以及语言的其他方面，以推断更深层次的社会、文化或心理结构。鉴于话语分析的复杂性和微妙性，传统上，它一直是离不开人类洞察力和理解力的研究领域。然而，随着 ChatGPT 等高级 AI 的出现，我们现在开始探索它对会话数据进行话语分析的能力。这一探索将有助于我们理解 AI 是否能有效地理解和分析嵌入人类话语中的复杂结构和意义，从而有可能在话语分析领域引发一场革命。

分析中使用的数据来自 de Belder（2012—2013）。

提示词：

我有一套两份采访记录，希望你用话语分析法来分析。要研究的问题是“在机构和家庭环境中，医生话语的权威性是否有所不同?”

第一段文字记录来自第四频道的医学系列节目《令人尴尬的身体》，全科医生伯纳黛特·麦凯纳正在为一名 85 岁的女性患者提供咨询，该患者被诊断患有皮肤瘙痒症。第二段文字记录是一位医生和他 81 岁的祖母在家中的对话。

基于所提供的背景信息，本项研究旨在探究医生话语中所体现的权威性是否仅在机构中普遍存在。通过收集医生在家庭环境中与家庭成员互动的数据，使我们能够在两种不同的环境中去比较医生话语的权威感，并探索环境是否会影响医生的权威性。

请使用话语分析法分析文字记录，以确定以下内容：

1. 权力关系：请检查在每份文字记录中使用的语言是如何反映和再现在每个场景中医生和患者之间的权力关系的。确定医生话语的力量是如何在每个场景中被构建、传达和维持的。
2. 身份：探索在每个场景下，语言的使用是如何与医生、患者的个人和集体身份的构建相联系的。确定医生、患者的身份是如何在每个场景中被构建、被替代和被执行的。
3. 社会规范和价值观：请检查每份文字记录中语言的使用是如何反映和加强每个场景中的社会规范和价值观的。确定每个场景的社会规范和价值观是如何在医生和病人的语言的使用中反映出来的。

4. 观念：请探索每份文字记录中的语言使用是如何反映和再现每个场景中的主导观念的。确定每个场景的主导观念又是如何在医生和病人的语言中得到反映的。
5. 语境：请探索每个场景的社会语境如何影响医生和病人的语言使用，以及语言使用如何反过来塑造每个场景的社会语境。
6. 任何其他主题或模式：请从文字记录中找出与研究问题相关的任何其他主题或模式。

最后，请写出这段话语分析的要点。请提供文字记录中的例子来支持你的发现，并解释这些发现对理解医生在机构和家庭环境中的话语力量的影响。

###

文字记录 1（医生和女病人）：

D：医生

P：病人

D：奥黛丽，你怎么了？

P：我痒。

P：浑身痒。

D：你痒吗？

P：腿，胳膊，身体，腹股沟，但不是那里，那里不痒，你知道我的意思……

D：好的。

D：是的。

D：是的。

D：这种情况持续多久了？

P：我去医院治了三年半了。

D：嗯嗯，你痒得厉害，什么时候痒得最厉害呢？

D：晚上会痒得更厉害吗？

P：嗯……

P：有时候我会在凌晨三点钟被痒醒。

D：嗯，好吧。

P：我起床去卫生间，涂一些润肤露。

D：它们真的很难忍受吧？你一定会使劲挠吧？

P：哦，我用刷子挠。

D：你用梳子挠？

P：不，呃……是用一把马桶刷挠！

P：（笑）

D：真的吗？

P：（笑）

D：哦，我的天啊！

D：给它们做一次彻底的擦洗。

P：必须是“强效药”才能起作用。

D：（是啊）

D：好的。

D：看看这些白色标记，这些就是皮肤发炎的地方。在你挠破了之后，这些地方的皮肤会变成棕色。（0.096）

D：愈合后（棕色）消失。

D：你遇到的问题，我们称之为瘙痒症。

D：（瘙痒症）让你忍不住去挠啊挠。

D：（0.114）这在老年人群里是很常见的问题。

P：我只是（哭）希望有些什么办法（哭）。

P：可以帮到我（哭）。

D：很抱歉我过分强调了这一点，这确实非常糟糕。

P：（哭）

D：对于它们（瘙痒），你知道的（0.120），我们不确定是什么问题导致的，也不确定我们是否能治好它。

P：（哭）

D：不幸的是，这种病非常非常难治。

D：我想我们需要去管控这种“痒-挠”的循环。

D：并尝试打破它。

###

文字记录 2：（医生和他的祖母）

A：孙子/医生

B：祖母

C：祖父

A：你们都好吗？

B：嗯。

A：你还好吗？（0.224）

B：前几天我摔倒了。

A：是吗？

A：什么时候？

A：你怎么了，发生了什么事？

B：我不知道发生了什么，我试着去分析它，试着理智地对待它。

B：这不像……（0.442）

B：这次我几乎知道我要摔下去了。你知道的。

B：有那么一瞬间，我想（说话者自己的名字）你这是要“走”了，（于是）我摔倒了。

A：怎么了，你摔倒了？

B：嗯，我只是……（0.270）

B：我只是摔倒了，先撞到了头，然后是胳膊。

A：听起来很糟糕。

A：是吗……

A：你说你有点知道自己会摔倒，是什么意思？

B：我已经摔过四次了。

A：真的吗？嗯，多久前？（0.333）

B：嗯，我第一次摔倒时他们把我送到了医院。

A：嗯。

A：是的。

B：当我跌倒的时候，

B：我试着去理解它，去解决它。

A：嗯。

B：在我跌倒的时候，眼前有各种颜色。

B：各种颜色。

A：你这话是什么意思？

B：绿色和棕色。

A：是一闪一闪的点，还是一条一条的线，还是别的什么？

B：（是的）各种颜色。

B：当我从床上掉下来的时候，我不知道发生了什么。

B：我只是（0.188），

B：我想我可能把自己摔晕了，因为我什么都不记得了。

B：这次有一种奇怪的感觉，好像有棕色的东西从我头的这一边飘了过来。

A：在你的左眼这边？

B：嗯（0.378）。

B：棕色的，上面有小斑点。

B：非常奇特。

B：无论如何，

B：我摔倒在地板上，没有受伤，C 在里面。所以我就又喊又叫（笑），

B：他说你为什么冲我又喊又叫，我说（笑）就对你又喊又叫！

A：天哪！（0.251）

A：你说你好像知道自己快要摔倒，这很神奇。

B：如果我能多一秒钟的时间，我会抓住一些东西，你知道我不会真的"走"的。

A：你有没有感到头晕？

B：不。

A：你有没有……感觉很虚弱？

B：没有，只是它来得太突然了。

B：如果那算是虚弱，那就算有点吧。

A：它来得很突然。你的腿软吗？（0.153）

B：不软。

A：你胸部有问题吗？有疼痛感吗？

B：没有。

A：没有任何虚弱的感觉吗？（0.220）

B：哪方面的虚弱感？

A：对不起我没说清楚，比如像腿软，或者其他明显感受到的虚弱。

B：这次我恢复得相当快。

A：哦，好的。

C：（快得）仅以秒计。

A：真的吗？

B：他把我弄起来，下午我就坐在厨房的椅子上了。

A：真的吗？

A：你以为你这次又晕过去了。

B：你看，我必须做点什么。

B：你看，我必须做点什么。

B：要不是我晕过去了，否则我为什么会摔倒？

B：当你正常站立时，你不会无缘无故摔倒的。

A：好吧。

A：很多人对晕过去有不同的解释……

B：（是啊）

A：所以你其实不知道那是什么意思。

B：不知道。

A：我想，我的意思是当医生使用这个术语时，它的意思是失去知觉。

A：所以你可能会摔倒，但不一定会昏厥，就像你只是被绊倒了，不会昏厥一样。

A：不是昏厥。

B：这次还不算太糟。

B：有一次我在厨房撞到了自己，我醒过来之后，没有告诉 C。

A：所以你没有（说）。

A：要问你一个问题。

A：你还记得从你醒来的那一刻起发生的一切吗？从你刚才说的你不记得的事情开始。

B：嗯……

A：所以呢……

B：那是非常短的一瞬间。

B：我很快就起来了，嗯……

B：我想的是当他来的时候，我已经从床上掉下来了，因为……

A：嗯？

B：我真的不在状态，你问 C 吧。

A：好吧。

B：我觉得我撞到头了。

A：嗯，这可能是个问题。

B：因为当她抽血的时候，救护车的人……

B：给他们打电话让我觉得很不好意思，但是我们没办法把我从地板上弄起来。

A：是的，别难过，你知道的。这就是他们（救护人员——译者注）存在的意义。

B：嗯，当时我的血压是 99。医生来的时候，他们对我说要叫医生来……

B：第二天又降到了 49。

B：嗯，更低了。

B：她说心跳要降下来，所以我调整了氯沙坦的剂量，让血压下降。

A：你觉得怎么样……你认为是什么东西导致这种情况发生的，比如药物或者……

B：（嗅了嗅）

B：我真的不知道。

A：（我是说）

A：你认为你能把它归因于什么吗？

B：没有。我想人们会说这是因为低血压，一瞬间大脑供血不足。

A：嗯。

B：差不多就是这样。

A：他们有没有提到落倒症（drop attack，全身突然松软倒地，可立即站起，且神志清晰——译者注）之类的？

B：有的，他们用了“落倒”这个词。

A：落倒症。

B：我记得（某位家庭成员的名字），她养了只猫，摔倒了，记得吗？

A：（笑）

B：我想我最好……

A：变成另外一个人（笑）。

B：一个新名字。

B：我身上没有瘀青或其他伤。

A：嗯。

B：我看不出有其他影响。

A：你记得你知道自己摔倒或撞到你自己……

A：还是你只是，

A：记得摔下来，撞了，才发现这些瘀青？

B：我没感觉到倒下。

A：啊……

B：我没感觉到倒下。

A：所以你……只是……让我理解一下。

A：所以你……你走得好好的，然后出现一些症状，感觉有点奇怪，眼前出现一些奇怪的颜色……你感觉自己在继续走……看到自己在走，却不记得自己怎么摔倒的，之后就发现自己倒在地板上。

A：是这样吗？

B：让我仔细回忆一下，嗯……

B：我感觉到自己在倒下吗？

B：当我从床上掉下来的时候，显然我没有（感觉到），我一定是睡着了。

A：是啊。

B：这次，我感觉到自己……

B：是的，这次我感觉到自己在倒下。

B：这次我确实感觉到自己在倒下。

B：我叫了 C，他进来了。我没有受伤。

B：第二天有一点点瘀青，但是……

A：我相信你为此而感到幸运，摔倒极有可能让你受伤或骨折，或类似的事情。

B：哦，是的。

B：当然。

A：过去六个月里，这种情况发生了几次？

A：四次？

B：过去六个月里？

B：呃呃……

B：有一次他们把我送去医院，不是吗？

A：嗯嗯。

B：我想大约有五次。

A：那就相当频繁了？

B：嗯，是的。

B：不管怎样……

C：不，不是五次。

C：你在这里还摔过一次。

B：那是第一次。

C：那次用车运……

B：他们把我送去了医院。

C：那是六个多月前的事了。

A：你担心吗？

B：嗯？

A：你担心摔倒吗？

A：你担心吗？

A：你不知道吗？

B：他说啥？

A：我说，摔倒这件事，让你担心吗？

B：不！

B：我快 82 岁了，有时候我身不由己，不是吗？

B：我不能把剩下的时间都用来思考，天啊，我不能这样做、不能那样做，不然我会摔倒的。

B：你不能把日子过成那样。

A：那倒是真的。

B：日子不该那么过。

A：嗯。

C：非常有哲理。

A：和你的书一样有哲理！

C：哦，是的。

A：你喜欢吗？

C：首先让我震惊的是……

C：那个词怎么说来着……

回应：

话语分析发现：

1. 权力关系：在文字记录 1 中，医生（D）使用技术语言，对病人的症状做了详细解释，展现出比病人（P）更具权威和更有见识。反之，病人则依赖医生的建议和指导。在文字记录 2 中，医生（A）和祖母（B）的交谈方式是非正式和放松的，不太强调权威语言。在孙子倾听祖母的经历并提供支持的过程中，孙子没有扮演主导角色，权力动态更加平等。

2. 身份：在文字记录 1 中，医生的身份与他们的职业角色紧密联系在一起，而病人的身份是一个来寻求帮助的脆弱和痛苦的个体。在文字记录 2 中，医生作为孙子的身份比他的职业身份更为突出，祖母则被视为一个有弹性的、独立的人，与孙子分享经历，而不是寻求医疗建议。

3. 社会规范和价值观：文字记录 1 反映了正式医疗咨询的社会规范和价值观，医生提供医疗建议，病人寻求帮助。文字记录 2 展示了家庭互动的社会规范和价值观，包括随意的交谈和分享经历。

4. 观念：在文字记录 1 中，占主导地位的观念是医学专业知识，医生被定位为病人诊断病情的权威。在文字记录 2 中，占主导地位的观念是家庭支持，医生和他的祖母处于支持和合作的关系中。

5. 语境：文字记录 1 中的社会语境是一个正式的医学咨询，它塑造了医生和病人使用的语言。在文字记录 2 中，社会语境是在家庭环境中的一次随意的对话，它影响了语言和讨论的话题。反之，每个文本中语言的使用又强化了每个场景的社会语境。

6. 其他主题或模式：在两个文本中，医生作为一个支持和同情的倾听者的角色是显而易见的，这表明，尽管权力动态和背景不同，医生始终可以保持关心和支持的态度。

综上所述，对两个文本的话语分析揭示了医生话语的力量在机构和家庭环境之间存在着显著差异。权力动态、身份建构以及社会规范和价值观在每个环境中都有所不同，正式的医疗环境强调医生的权威和专业知识，而家庭环境则促进了一种更平等和协作的关系。了解这些差异有助于了解和改善各种环境下的医患沟通。

本章探索了在科学研究中使用 ChatGPT 来协助进行数据分析的各种创新方式。从定量数据分析开始，ChatGPT 展示了它的复杂建模能力和对有效数据进行可视化的能力。我们还发现，ChatGPT 擅长将复杂的建模结果翻译成清晰、可访问的语言，从而让研究成果被更广泛的公众所了解。接着，我们尝试用它来做定性数据分析，ChatGPT 在自动化劳动密集型任务（如情感分析和主题生成）方面展现出巨大潜力。我们评估了它执行主题分析、扎根理论分析和话语分析的能力，这些任务传统上都是由人类研究员执行的。尽管这些任务具有相当的复杂性，分析文本数据尤其带来了独特挑战，但 ChatGPT 都展示出了强大的功能。

第十章

辅助起草论文：研究论文和报告的撰写

在科学研究领域,无论一项研究多么具有创新性或突破性,它的价值要为世人所知,还在于它能否成功实现与学术界的沟通,也就是撰写研究论文和报告。起草论文的过程就像是在为科学研究做最终的“包装”,这是科学和艺术的微妙融合,既要精确,又要展现创造性。

起草一篇论文,不仅需要充分的科学审查,还需要精心打磨语言、结构和格式。具体来说,文字必须清晰流畅,没有语法错误,并高度符合学术期刊对结构和格式的特定要求。虽然起草论文传统上是研究人员的任务,但像 ChatGPT 这样的高级人工智能工具的出现,为我们提供了更多的可能性。

本章将深入探讨在起草论文的过程中,ChatGPT 作为辅助工具可以做些什么。我们使用之前发表的一篇文章(An et al., 2023)来做演示,看 ChatGPT 是如何帮助起草论文各个部分的,包括摘要、引言、方法、结果、讨论、结论和参考文献。我们在此声明,(An et al., 2023)的撰写,完全没有使用 ChatGPT。我们使用它来做示范,纯粹是为了说明,ChatGPT 起草论文可以达到怎样的水平。

系好安全带,加入我们对 AI 辅助学术写作的探索之旅吧!

让我们从引言部分开始。

提示词：

我正在为一篇投给同行评审期刊的文章起草引言部分。这项研究旨在建立机器学习（ML）模型，以校正自我报告的人体数据偏差，包括身高、体重和身体质量指数（BMI），并测算美国成年人的肥胖率。

在引言的第一段，请你简要介绍以下两方面内容：

1. 通过引用科学研究或联邦政府报告（如疾病预防控制中心 CDC）来了解监测美国和世界范围内肥胖流行程度的重要性；
2. 肥胖相关人口数据收集的困境：自我报告的人体测量数据，如自我报告的身高和体重，收集起来既简单又便宜，但容易出现记忆错误和社会期望偏差的影响；而客观测量是准确的，但是收集成本高、样本量小。

请以“（作者，年份）”的格式提供文本引文，并使用 APA 格式提供结尾的参考文献。对每段引文和参考文献的来源进行事实核查，以确保准确性。

回应：

无论是在美国还是在世界范围内，肥胖的流行都已经成为一个严重的公共卫生问题（CDC，2021）。大量科学研究和联邦政府报告都强调了，肥胖率的上升和糖尿病、心血管疾病以及某些类型的癌症等慢性健康风险的增加有关（Flegal et al.，2016）。我们需要准确、可靠的数据来研究肥胖这一流行病，为制定干预措施和相关政策提供依据。

然而，收集与肥胖相关的人口数据面临一个两难的局面。自我报告的人体测量数据，包括身高和体重，虽然易于收集且收集成本低，但它们容易受到受访者记忆错误和社会期望偏差的影响（Connor Gorber et al.，2007）。相比之下，客观测量可以提供更准确的数据，但收集成本高昂，导致样本规模较小（Ezzati et al.，2012）。鉴于这一挑战，本项研究旨在开发机器学习（ML）模型，以校正自我报告的人体测量数据偏差，并测算美国成年人的肥胖率。

参考文献：

CDC.（2021）. Adult obesity facts. https://www.cdc.gov/obesity/data/adult.html.

Connor Gorber, S., Tremblay, M., Moher, D., & Gorber, B.（2007）.

A comparison of direct vs. self-report measures for assessing height, weight and body mass index: a systematic review. Obesity Reviews, 8(4), 307–326. http://doi.org/10.1111/j.1467-789x.2007.00347.x.

Ezzati, M., Martin, H., Skjold, S., Vander Hoorn, S., & Murrary, C. J. L.（2012）. Trends in national and state-level obesity in the USA aftercorrection for self-report bias: analysis of health surveys. Journal of the Royal Society of Medicine, 99(5), 250–257. https://doi.org/10.1258/jrsm.2006.060026.

Flegal, K. M., Kruszon-Moran, D., Carroll, M. D., Fryar, C. D., & Ogden, C. L.（2016）. Trends in obesity among adults in the United States, 2005 to 2014. JAMA, 315(21), 2284–2291.

提示词：

你的任务是起草引言的第二段，需简要介绍以下四个方面：

1. 用 1~2 句话介绍机器学习（ML）；
2. 概述 ML 在公共卫生研究和实践中的应用，特别是在肥胖的预防和治疗中的应用；
3. 用一句话介绍研究目的；
4. 最多列出三个方面，说明本项研究可能有助于推进肥胖的相关研究和监测肥胖的流行。

请以"（作者，年份）"的格式提供文本引文，并使用 APA 格式提供结尾的参考文献。对每段引文和参考文献的来源进行事实核查，以确保准确性。

回应：

机器学习（ML）是人工智能的一个子集，主要是开发能够从数据中学习并根据数据作出预测或决策的算法(Jordan et al.，2015)。近年来，机器学习在公共卫生的研究和实践领域得到了全方位的应用，包括疾病预测、风险分层、肥胖预防和治疗的个性化干预(Deo，2015；Kavakiotis et al.，2017)。本项研究的目的是建立ML模型，用于校正自我报告的人体数据偏差和测算美国成年人的肥胖率。

本项研究对相关科学文献和流行人群的肥胖风险监测的贡献包括以下三个方面：①开发了可以校正自我报告的人体测量数据偏差的新一代ML模型；②提高了肥胖率测算的准确度；③促进了预防肥胖症流行的公共卫生政策和干预措施的制定。

参考文献：

Deo，R. C.(2015). Machine learning in medicine. Circulation，132(20)，1920 - 1930. https://doi.org/10.1161/CIRCULATIONAHA.115.001593.

Jordan，M. I.，& Mitchell，T. M. (2015). Machine learning: Trends，perspectives，and prospects. Science，349(6245)，255 - 260. https://doi.org/10.1126/science.aaa8415.

Kavakiotis，I.，Tsave，O.，Salifoglou，A.，Maglaveras，N.，Vlahavas，I.，& Chouvarda，I. (2017). Machine learning and data mining methods in diabetes research. Computational and Structural Biotechnology Journal，15，104 - 116. https://doi.org/10.1016/j.csbj.2016.12.005.

现在让我们进入方法部分。

提示词：

你将协助我起草同行评审期刊论文的方法部分。你的任务是起草方法部分的第一段，应该涵盖以下内容：

1. 用3~5个句子简要介绍“全国健康与营养检测调查”(NHANES)项目，包括其目的、样本设计、受调人群，以及调查的主要内容；

2. 由经过培训的工作人员在流动检测中心解释 NHANES 如何使用人体测高仪和数字秤来测量受调者的身高和体重；
3. 解释 NHANES 的主观人体测量：身高、体重和其他社会人口统计问题都是在个人访谈中自我报告的；
4. 最终的研究样本包括在 1999—2020 年参与 NHANES 调查的 18 岁或以上的 50 274 名成年人；
5. 证明样本是正确的：NHANES 至今仍是唯一一个在身高和体重测量方面既采用客观方式又有主观方式的、具有全国代表性的数据集。

请勿提供任何引用或参考文献。

回应：

“全国健康与营养检查调查”（NHANES）项目是由国家卫生统计中心进行的一项大规模、长期性的研究。NHANES 的主要目的是通过访谈和体检相结合的方式，评估美国人口的健康和营养状况。该调查采用了一种复杂的、多阶段的抽样设计，以确保样本覆盖各种人口亚组，包括不同的年龄组、种族和民族。NHANES 的调查内容也涵盖了广泛的主题，包括人口统计信息、健康行为和健康结果。

在移动检测中心，NHANES 分别使用人体测高仪和数字秤收集受访者身高、体重的客观数据。这些测量由训练有素的工作人员执行，确保准确性和一致性。而主观的人体测量，如自我报告的身高、体重及其他人口统计信息，是通过家庭个人访谈获得的。

在本项研究中，我们纳入了在 1999—2020 年参与 NHANES 调查的 18 岁或以上的 50 274 名成年人样本。使用 NHANES 的数据是合理的，因为它是唯一一个在身高和体重测量方面既采用客观方式又有主观方式的、具有全国代表性的数据集，让我们分析这两种测量值之间的差异有了基础。

提示词：

你的任务是起草方法部分的第二段，应涵盖以下内容：

1. 我们使用了 9 个 ML 模型来预测客观测量的身高、体重和身体质量指数（BMI）与受调者自我报告的数据之间的差异，并使用均方根误差（RMSE）来比较各模型的性能。这 9 个 ML 模型使用的分析方法分别是：线性回归、Lasso 回归（目前这个方法还没有一个正规的中文名，lasso 的直译为套索，即套住马脖子的绳索。lasso 回归的特点是，不要让回归系数太大，以免造成过度拟合。——译者注）、岭回归、弹性网络、K-近邻、支持向量机、决策树、随机森林（分类器）和极限梯度提升（XGBoost）。请你用一句话来简要介绍每个模型。考虑到它们的相似性，你可以将两个或更多的模型合并介绍。
2. 对于每个模型，执行两个可选规范：一个规范针对基本人口统计数据（称作"协变量集 1"）进行调整，包含年龄、性别和种族/民族；另一个规范针对基本人口统计数据加上一组附加协变量（称作"协变量集 2"）进行调整，包括婚姻状态、受教育程度、收入与贫困比率、吸烟状况、自评健康状况，以及慢性病指标（即糖尿病、关节炎、冠心病、中风和癌症）。
3. 由于这两个规范实现了相似的均方根误差，我们只报告了根据基本人口统计数据调整的简约模型的结果，即"协变量集 1"。

请勿提供任何引用或参考文献。

回应：

我们使用了 9 个 ML 模型来预测客观测量的身高、体重和身体质量指数（BMI）与受访者自我报告的数据之间的差异，并使用均方根误差（RMSE）来比较各模型的性能。

9 个模型中的线性回归、Lasso 回归、岭回归和弹性网络，都是线性模型，只是在应用的正则化技术上有所不同。

我们还使用了 K-近邻算法，这是一种基于数据点的相似性来预测值的非参数方法。

我们使用的支持向量机模型，构建了--个最优超平面来分离类别。

最后是三种基于树的模型：决策树简单直观，随机森林通过许多决策树的投票进行决策，极限梯度提升则是一种先进的梯度提升方法。

对于每个模型，我们执行了两个可选规范：一个规范针对基本人口统计数据（称作“协变量集 1”）进行调整，包含年龄、性别和种族/民族；另一个规范针对基本人口统计数据加上一组附加协变量（称作“协变量集 2”）进行调整，包括婚姻状态、受教育程度、收入与贫困比率、吸烟状况、自评健康状况，以及慢性病指标（即糖尿病、关节炎、冠心病、中风和癌症）。

由于这两个规范实现了相似的均方根误差，我们只报告了根据基本人口统计数据调整的简约模型的结果，以保持研究结果的简单性和可解释性。

提示词：

你的任务是起草方法部分的第三段，应涵盖以下内容：

1. 我们将数据集随机分为训练集（80%）和测试集（20%）；
2. 我们在训练前对数据集进行了标准化；
3. 我们进行了 10 折交叉验证，以防止每个模型的过拟合；
4. 我们使用网格搜索进行了超参数调优；
5. 训练后的模型用于测算测试集中的目标（即客观测量的身高、体重和 BMI），并通过 RMSE 评估性能；
6. 使用 Python 3. 11. 0 和 scikit-learn 1. 1. 3 进行数据管理和建模；
7. 本项研究免于 IRB 审查，因为 NHANES 数据集公开可用且已做去识别化处理。

请勿提供任何引用或参考文献。

回应：

我们将 NHANES 数据集随机分成训练集（80%）和测试集（20%），以便对 ML 模型进行适当的评估。在开始训练前，我们对数据集进行了标准化，以实现更有效的模型训练，并确保所有特征的重要性相等。为了防止过拟合，我们在训练过程中对每个 ML 模型进行了 10 折交叉验证。此外，我们使用网格搜索进行超参数调优，以确定每个模型的最优参数。

一旦模型得到训练，我们就用它们来测算测试集中的目标(即客观测量的身高、体重和 BMI)，并基于 RMSE 来评估它们的性能。使用 Python 3.11.0 和 scikit-learn 1.1.3 进行数据管理和建模。

由于 NHANES 数据集是公开可用且已去识别化的，因此，本项研究免于 IRB 审查。

现在，让我们开始撰写结果部分。

提示词：

你将协助我起草同行评审期刊论文的结果部分。你的任务是起草结果部分的第一段，描述 NHANES 成人样本中自我报告和客观测量的人体数据之间的如下差异：

1. 身高(米)：1.68 vs. 1.67；平均绝对差(MAD)：0.03(标准差[SD]：0.03)
2. 体重(千克)：80.50 vs. 81.09；MAD：2.89(SD：3.77)
3. BMI(千克/平方米)：28.17 vs. 28.85；MAD：1.43(SD：1.70)
4. 肥胖率(定义为 BMI ≥ 30 千克/平方米)：31.87% vs. 36.03%；P 值<0.001

回应：

在我们对 NHANES 成人样本的分析中，我们观察到自我报告和客观测量的人体测量数据之间存在着差异。

身高方面，自我报告的平均值为 1.68 米，客观测量的平均值为 1.67 米，平均绝对差(MAD)为 0.03，标准差(SD)为 0.03。

体重方面，自我报告的平均值为 80.50 千克，客观测量的平均值为 81.09 千克，MAD 为 2.89，SD 为 3.77。

BMI 方面，自我报告的平均值为 28.17 千克/平方米，客观测量的平均值为 28.85 千克/

平方米，MAD 为 1.43，SD 为 1.70。

肥胖率方面，自我报告的比率为 31.87%，客观测量的比率高达 36.03%，差异显著（P 值<0.001）。

提示词：

你的任务是起草结果部分的第二段，报告表 1 中的主要发现：

表 1：训练集和测试集上进行 10 折交叉验证的均方根误差

模型 身高（米） 体重（千克） BMI（千克/平方米）训练集 测试集 训练集 测试集 训练集 测试集

线性回归 0.030 0.031 4.626 4.588 2.066 2.053 Lasso 回归 0.031 0.032 4.631 4.590 2.068 2.054 岭回归 0.030 0.031 4.630 4.588 2.067 2.053 弹性网络 0.102 0.101 1.693 4.589 1.190 3.921 K-近邻算法 0.029 0.029 4.953 4.864 2.045 2.014 支持向量机 0.033 0.034 4.942 4.880 1.939 1.930 决策树 0.029 0.029 4.673 4.625 2.045 2.003 随机森林 0.031 0.030 5.025 5.008 2.087 2.064 极限梯度提升 0.028 * 0.028 * 4.600 * 4.552 * 1.907 * 1.884 *

备注：* 代表该列的最小 RMSE。

回应：

在表 1 中，我们报告了在训练集和测试集上应用 10 折交叉验证后各模型得到的均方根误差（RMSE）。

在预测身高方面，极限梯度提升模型在训练集和测试集上均表现出最小的 RMSE，均为 0.028 米。

在预测体重的模型中，极限梯度提升模型同样表现最好，在训练集和测试集上的 RMSE 分别为 4.600 千克和 4.552 千克。

对于 BMI 的预测，极限梯度提升模型再次表现出色，在训练集上的 RMSE 最低，为

1.907 千克/平方米；在测试集上的 RMSE 为 1.884 千克/平方米。

这些结果表明，在本项研究评估的 9 个 ML 模型中，极限梯度提升最准确地测算了真实的身高、体重和 BMI。

ChatGPT 似乎对表 1 有充分的理解。它没有统一地处理所有数据，而是敏锐地识别并强调了关键发现：极限梯度提升（XGBoost）模型在训练集和测试集上的表现都优于所有其他机器学习模型。此外，尽管未格式化的表格会给人类读者带来理解上的困扰，但这对 AI 来说毫无障碍。

现在让我们进入论文的讨论部分。

提示词：

你将协助我起草同行评审期刊论文的讨论部分。你的任务是起草讨论部分的第一段，应该涵盖本项研究的主要局限性，包括：

1. NHANES 仅针对非机构平民人口（延伸到有关研究结果的普遍性问题）；
2. 本项研究只考虑了身高、体重，遗漏了其他人体测量数据（举例说明）；
3. 本项研究只涵盖了美国的成年人，儿童和青少年的记忆错误和社会期望偏差可能与成年人有所不同；
4. 由于影响自我报告的身高、体重的社会心理因素会随着时间的推移发生演变，研究结果可能会受到数据漂移的影响。

然后你将起草讨论部分的第二段，针对上述局限性，提出研究建议。

请以“（作者，年份）”的格式提供文本引文，并使用 APA 格式提供结尾的参考文献。对每段引文和参考文献的来源进行事实核查，以确保准确性。

回应：

我们的研究虽然提出了有价值的见解，但必须承认，研究存在一定的局限性。

第一，数据来源 NHANES 主要针对非机构平民人口，这可能会限制研究结果适用于其他人群，例如军人、被收容人员，或那些未能获得充分医疗保健资源的人（CDC，2022）。

第二，本项研究仅关注身高和体重，其他人体数据，如腰围、腰臀比和皮褶厚度等指标，在评估肥胖和健康风险方面也很重要，但均未被考虑进去（Prentice et al.，2001）。

第三，本项研究的范围仅限于美国成年人，未包括儿童和青少年。研究表明，儿童和青少年的记忆错误和社会期望偏差可能与成年人存在不同（Livingstone et al.，2000）。

最后，由于影响自我报告的身高、体重的社会心理因素会随着时间的推移发生演变，研究结果可能会受到数据漂移的影响。（Connor Gorber et al.，2007）。

如何解决这些限制，为未来的研究提供了令人兴奋的方向。

比如将这项工作扩展到未被 NHANES 覆盖的人群，利用其他数据来源进行研究，或进行原始调查来收集一手数据。未来的研究还可以纳入其他人体测量数据，以便更全面地理解肥胖和相关健康风险（Prentice et al.，2001）。

此外，需要对儿童和青少年进行研究，以解释这些年龄段的受访者在记忆错误和社会期望偏差方面与成年人存在的潜在差异（Livingstone et al.，2000）。

最后，关于影响自我报告的身高、体重的社会心理因素会随时间推移发生演变，导致研究结果受数据漂移影响这一点，可以有针对性地提高 ML 模型的准确性（Connor Gorber et al.，2007）。

参考文献：

CDC.（2022）. About the National Health and Nutrition Examination Survey. https://www.cdc.gov/nchs/nhanes/about_nhanes.htm.

Connor Gorber，S.，Tremblay，M.，Moher，D.，& Gorber，B.（2007）. A comparison of direct vs. self-report measures for assessing height，weight and body mass index：a systematic review. Obesity Reviews，8（4），307－326.

Livingstone，M. B.，& Robson，P. J.（2000）. Measurement of dietary intake in children. Proceedings of the Nutrition Society, 59(2),279 - 293.

Prentice,A. M. , & Jebb,S. A. (2001). Beyond body mass index. Obesity Reviews, 2(3),141 - 147.

当我们完成了论文的引言、方法、结果和讨论部分的起草工作，我们就可以整合这些"组件"了。通过向 ChatGPT 提供这些汇编过的信息，我们可以利用它的能力来生成论文的最后部分：结论和摘要。

提示词：

你的任务是起草同行评审期刊论文的摘要和结论部分。具体说明如下，我还附上了整篇文章供你参考。摘要和结论部分请不要添加引用或参考文献。

###

摘要部分的说明：

1. 字数在 250 字以内；
2. 应有 5 个小标题：背景、目的、方法、结果和结论。

###

结论部分的说明：

1. 应简要总结研究成果；
2. 应简要承认研究的局限性；
3. 应使用 1~2 句话为未来的研究提供启示。

###

整篇文章：

引言：

无论是在美国还是在世界范围内，肥胖症的流行都已经成为一个严重的公共卫生问题

（CDC，2021）。大量科学研究和联邦政府报告都强调了，肥胖率的上升和糖尿病、心血管疾病以及某些类型的癌症等慢性健康风险的增加有关（Flegal et al.，2016）。我们需要准确、可靠的数据来研究肥胖这一流行病，为制定干预措施和相关政策提供依据。

然而，收集与肥胖相关的人口数据面临一个两难的局面。自我报告的人体数据，包括身高和体重，虽然易于收集且收集成本低，但它们容易受到受调者记忆错误和社会期望偏差的影响（Connor Gorber et al.，2007）。相比之下，客观测量可以提供更准确的数据，但收集成本高昂，导致样本规模较小（Ezzati et al.，2012）。鉴于这一挑战，本项研究旨在开发机器学习（ML）模型，以校正自我报告的人体测量数据偏差，并测算美国成年人的肥胖率。

机器学习（ML）是人工智能的一个子集，主要是开发能够从数据中学习并根据数据做出预测或决策的算法（Jordan et al.，2015）。近年来，机器学习在公共卫生的研究和实践领域得到了全方位的应用，包括疾病预测、风险分层、肥胖预防和治疗的个性化干预（Deo，2015；Kavakiotis et al.，2017）。本项研究的目的是建立 ML 模型，用于校正自我报告的人体测量数据偏差和测算美国成年人的肥胖率。

本项研究对相关科学文献和肥胖风险监测的贡献包括以下三个方面：① 开发了可以校正自我报告的人体数据偏差的新一代 ML 模型；② 提高了测算肥胖率的准确度；③ 促进了预防肥胖症流行的公共卫生政策和干预措施的制定。

方法：

“全国健康与营养检测调查”（NHANES）项目是由国家卫生统计中心进行的一项大规模、长期性的研究。NHANES 的主要目的是通过访谈和体检相结合的方式，来评估美国人口的健康和营养状况。该调查采用了一种复杂的、多阶段的抽样设计，以确保样本覆盖各种人口亚组，包括不同的年龄组、种族和民族。NHANES 的调查内容也涵盖了广泛的主题，包括人口统计信息、健康行为和健康结果。

在移动检测中心，NHANES 分别使用人体测高仪和数字秤收集受访者身高、体重的客观数据。这些测量由训练有素的工作人员执行，确保准确性和一致性。而主观的人体测量，如自我报告的身高、体重及其他人口统计信息，是通过家庭个人访谈获得的。

在本项研究中，我们纳入了在 1999—2020 年参与了 NHANES 调查的 18 岁或以上的 50 274 名成年人样本。使用 NHANES 的数据是合理的，因为它是唯一一个在身高和体重测量方面既采用客观方式又有主观方式的、具有全国代表性的数据集，让我们分析这两种测量值之间的差异有了基础。

我们使用了 9 个 ML 模型来测算客观测量的身高、体重和身体质量指数（BMI）与受访者自我报告的数据之间的差异，并使用均方根误差（RMSE）来比较各模型的性能。

这 9 个模型中，线性回归、Lasso 回归、岭回归和弹性网络都是线性模型，在应用的正则化技术上有所不同。

我们还使用了 K-近邻算法，这是一种基于数据点的相似性来预测值的非参数方法。

我们使用的支持向量机模型，构建了一个最优超平面来分离类别。

最后是三种基于树的模型：决策树简单直观，随机森林通过许多决策树的投票进行决策，极限梯度提升则是一种先进的梯度提升方法。

对于每个模型，我们执行了两个可选规范：一个规范针对基本人口统计数据（称作“协变量集 1”）进行调整，包含年龄、性别和种族/民族；另一个规范针对基本人口统计数据加上一组附加协变量（称作“协变量集 2”）进行调整，包括婚姻状态、受教育程度、收入与贫困比率、吸烟状况、自评健康状况，以及慢性病指标（即糖尿病、关节炎、冠心病、中风和癌症）。

由于这两个规范实现了相似的均方根误差，我们只报告了根据基本人口统计数据调整的简约模型的结果，以保持简单性和可解释性。

我们将 NHANES 数据集随机分成训练集（80%）和测试集（20%），以便对 ML 模型进行适当的评估。在开始训练之前，我们对数据集进行了标准化，以实现更有效的模型训练，并确保所有特征的重要性相等。为了防止过拟合，我们在训练过程中对每个 ML 模型进行了 10 折交叉验证。此外，我们使用网格搜索进行超参数调优，以确定每个模型的最优参数。

一旦模型得到训练，我们就用它们来测算测试集中的目标（即客观测量的身高、体重和 BMI），并基于 RMSE 来评估它们的性能。使用 Python3. 11. 0 和 scikit-learn 1. 1. 3 进行数据管理和建模。

由于 NHANES 数据集是公开可用且已去识别化的，因此，本项研究免于 IRB 审查。

结果：

在我们对 NHANES 成人样本的分析中，我们观察到自我报告和客观测量的人体测量数据之间存在着差异。

身高方面，自我报告的平均值为 1.68 米，客观测量的平均值为 1.67 米，平均绝对差（MAD）为 0.03，标准差（SD）为 0.03。

体重方面，自我报告的平均值为 80.50 千克，客观测量的平均值为 81.09 千克，MAD 为 2.89，SD 为 3.77。

BMI 方面，自我报告的平均值为 28.17 千克/平方米，客观测量的平均值为 28.85 千克/平方米，MAD 为 1.43，SD 为 1.70。

肥胖症患病率方面，自我报告的比率为 31.87%，客观测量的比率高达 36.03%，差异显著（P 值<0.001）。

在表 1 中，我们报告了在训练集和测试集上应用 10 倍交叉验证后各模型得到的均方根误差（RMSE）。

在预测身高方面，极限梯度提升模型在训练集和测试集上均表现出最小的 RMSE，均为 0.028 米。

在预测体重的模型中，极限梯度提升模型同样表现最好，在训练集和测试集上的 RMSE 分别为 4.600 千克和 4.552 千克。

对于 BMI 的预测，极限梯度提升模型再次表现出色，在训练集上的 RMSE 最低，为 1.907 千克/平方米；在测试集上的 RMSE 为 1.884 千克/平方米。

这些结果表明，在本项研究评估的 9 个 ML 模型中，极限梯度提升最准确地预测了身高、体重和 BMI。

讨论：

我们的研究虽然提出了有价值的见解，但必须承认，研究存在一定的局限性。

第一，数据的来源 NHANES，主要针对非机构平民人口，这可能会限制研究结果在其他人群上的适用性，例如军人、被收容人员，或那些未能获得充分医疗保健资源的人（CDC，2022）。

第二，本项研究仅关注身高和体重，其他人体数据，如腰围、腰臀比和皮褶厚度等指标，在评估肥胖和健康风险方面也很重要，但均未被考虑进去（Prentice et al.，2001）。

第三，本项研究的范围仅限于美国成年人，未包括儿童和青少年，研究表明，儿童和青少年的记忆错误和社会期望偏差可能与成年人存在不同（Livingstone et al.，2000）。

最后，由于影响自我报告的身高、体重的社会心理因素会随着时间的推移发生演变，研究结果可能会受到数据漂移的影响。（Connor Gorber et al.，2007）。

如何解决这些限制，为未来的研究提供了令人兴奋的方向。

比如将这项工作扩展到未被 NHANES 覆盖的人群，利用其他数据来源进行研究，或进行原始调查来收集一手数据。

未来的研究还可以纳入其他人体测量数据，以便更全面地理解肥胖和相关健康风险（Prentice et al.，2001）。

此外，需要对儿童和青少年进行研究，以解释这些年龄段的受访者在记忆错误和社会期望偏差方面与成年人存在的潜在差异（Livingstone et al.，2000）。

最后，关于影响自我报告的身高、体重的社会心理因素会随时间推移发生演变，导致研究结果受数据漂移影响这一点，可以有针对性地提高 ML 模型的准确性（Connor Gorber et al.，2007）。

回应：

1. 摘要：

背景：肥胖率在全球范围内有所增加，需要准确的数据来指导干预。然而，自我报告的人体测量数据，包括身高和体重，可能会出现记忆错误和社会期望偏差。

目的：本项研究旨在开发机器学习（ML）模型，以校正自我报告的人体数据偏差，并测算美国成年人的肥胖率。

方法：我们使用 1999 年至 2020 年全国健康与营养检测调查（NHANES）的数据，涉及 50 274 名成年人。采用 9 个 ML 模型来测算客观测量的身高、体重和身体质量指数（BMI）与受访者自我报告的数据之间的差异。

结果：极限梯度提升（XGBoost）模型在 9 中 ML 模型中，提供了最准确的测算。对于身高、体重和 BMI，XGBoot 模型在训练集和测试集上都实现了最低的均方根误差。此外，与客观测量数据相比，自我报告的测量数据低估了肥胖率。

结论：本项研究表明，ML 模型，特别是极限梯度提升（XGBoost），可以有效校正自我报告的人体数据偏差，从而更准确地测算肥胖率。该方法有助于促进预防肥胖症流行的公共卫生政策和干预措施的制定。

2. 结论：

总之，我们的研究表明，机器学习模型，特别是 XGBoost 模型，可以有效地纠正自我报告的身高、体重和 BMI 指数偏差，可以更准确地测算美国成年人肥胖率。这些发现，可以提高在制定公共卫生政策和针对肥胖的干预措施时所使用的数据的准确性。然而，研究成果受 NHANES 数据范围的限制，我们仅关注了成年人，且只使用身高、体重指标，同时，影响自我报告的社会心理决定因素会随时间变化，这可能导致潜在的数据漂移。未来的研究可以通过将研究扩展到其他人群，纳入其他人体测量指标，纳入儿童和青少年，并有针对性地解决影响自我报告的社会心理决定因素会随时间变化这一问题。

ChatGPT 的功能不仅限于为论文起草文本。它还可以修改现有段落来提高文章清晰度和流畅度，同时改正语法错误。

提示词：

以下段落为一篇同行评审期刊论文的引言部分。作为我的研究助理，你的任务是把它修改到最清晰、最准确、最流畅的状态。请不要修改文中的引用（作者、年份）。

###

段落：

超重和肥胖的儿童及青少年问题已成为全球性健康问题（Lobstein，2016；WHO，2017）。患有肥胖的儿童和青少年可能会出现一系列严重的共病症状。其中包括肌肉骨骼疾病（Paulis et al.，2014）、心血管风险因素（如高血压、胰岛素抵抗和高脂血症）（Friedemann et al.，2012），以及呼吸系统疾病，如睡眠呼吸暂停（Narang et al.，2012）和哮喘（Egan et al.，2013）。肥胖儿童和青少年还可能出现非酒精性脂肪肝等消化系统疾病（Feldstein et al.，2009）。此外，肥胖可能对社会心理健康造成影响，如增加受到社会污名化的可能性（Rees et al.，2011），以及影响自尊心和生活质量（Griffiths et al.，2010）。有研究证明，儿童时期的肥胖可能会延续到成年期（Singh et al.，2008；Simmonds et al.，2008），从而增加晚年健康状况不佳的风险（Reilly et al.，2011）。

回应：

儿童和青少年的超重和肥胖，是全球关注的健康问题（Lobstein，2016，WHO，2017）。肥胖的儿童和青少年可能会出现一些严重的共病症状，包括肌肉骨骼疾病（Paulis et al.，2014）、心血管危险因素（如高血压、胰岛素抵抗和高脂血症）（Friedemann et al.，2012），呼吸系统疾病包括睡眠呼吸暂停（Narang et al.，2012）或哮喘（Egan et al.，2013），以及非酒精性脂肪肝等消化系统疾病（Feldstein et al.，2009）。肥胖还可能影响他们的心理健康，肥胖的年轻人更容易被污名化（Rees et al.，2011），导致自尊心和生活质量下降（Griffiths et al.，2010）。还有证据表明，童年时期的肥胖会延续到成年期（Singh et al.，2008；Simmonds et al.，2008），从而增加晚年健康风险（Reilly et al.，2011）。

ChatGPT 可以轻松格式化参考文献，这点更是不足为奇。

提示词：

将以下引用重新格式化为 AMA 格式。下面给出一个例子：

Urits I, Burshtein A, Sharma M, et al. Low Back Pain, a Comprehensive Review: Pathophysiology, Diagnosis, and Treatment. Curr Pain Headache Rep. 2019;23(3): 23. doi: 10. 1007/s11916 - 019 - 0757 - 1.

##

参考文献：

1. Deo, R. C. (2015). Machine learning in medicine. Circulation, 132(20), 1920 - 1930. https://doi. org/10. 1161/CIRC ULATIONAHA. 115. 001593.

2. Jordan, M. I., & Mitchell, T. M. (2015). Machine learning: Trends, perspectives, and prospects. Science, 349(6245), 255 - 260. https://doi. org/10. 1126/science. aaa8415.

3. Kavakiotis, I., Tsave, O., Salifoglou, A., Maglaveras, N., Vlahavas, I., & Chouvarda, I. (2017). Machine learning and data mining methods in diabetes research. Computational and Structural Biotechnology Journal, 15, 104 - 116. https://do i. org/10. 1016/j. csbj. 2016. 12. 005.

回应：

修订后的参考文献(AMA 格式)：

1. Deo RC. Machine learning in medicine. Circulation. 2015;132(20): 1920 - 1930. doi: 10. 1161/CIRCULATIONAHA. 115. 001593.

2. Jordan MI, Mitchell TM. Machine learning: Trends, perspectives, and prospects. Science. 2015;349(6245): 255 - 260. doi: 10. 1126/science. aaa8415.

3. Kavakiotis I, Tsave O, Salifoglou A, Maglaveras N, Vlahavas I, Chouvarda I. Machine learning and data mining methods in diabetes research. Comput Struct Biotechnol J. 2017;15: 104 - 116. doi: 10. 1016/j. csbj. 2016. 12. 005.

有时候，同行评审期刊会要求我们提供“研究要点”，且有字数限制。在这种情况下，我们可以将论文的标题和摘要交给 ChatGPT，充分利用它的能力来生成简洁的研究要点。

提示词：

作为研究助理，请你根据同行评审期刊论文《We got nuts！use deep neural networks to classify images of common edible nuts》的摘要，起草“研究要点”。(An et al.，2022)。研究要点列表应符合以下要求：

1. 以要点的形式；
2. 每个要点不得超过 80 个字；
3. 只需 3~5 个要点；
4. 要点应该强调的是研究的关键点。

###

摘要：

背景：坚果是营养丰富的食物，有助于健康。采用 AI 技术来识别食物图像的饮食跟踪应用程序，能够帮助人们监控日常饮食模式。

目的：本项研究旨在创建一个常见坚果的图像数据集，并用它来建立一个人工智能计算机视觉模型，以实现坚果的自动分类。

方法：使用 iPhone11 手机，对 11 种坚果拍照——杏仁、巴西坚果、腰果、板栗、榛子、澳洲坚果、花生、山核桃、松子、开心果和核桃。数据集包含 2 200 张图片，每种坚果 200 张。这个数据集被随机分成训练集(60%，1 320 张图片)、验证集(20%，440 张图片)和测试集(20%，440 张图片)。使用迁移学习和其他计算机视觉技术进行训练，包括数据增强、混合、归一化、标签平滑及学习率优化，以此构建神经网络模型。

结果：经过训练的神经网络模型对验证集 440 张图片中的 338 张(每个坚果类型 40 张图片)进行了正确的分类，正确率为 99. 55%。对测试集 440 张图片的分类正确率达到了 100%。

结论：本项研究建立了坚果图像数据集，并使用该数据集来训练神经网络模型对坚果图像进行分类。该模型在验证集和测试集上取得了近乎完美的准确率，证明了利用智能手机对坚果实现自动化分类的可行性。数据集和模型是开源的，可据此开发饮食跟踪应用程序，帮助人们坚持健康的饮食习惯。

回应：

研究要点：

1. 创建了 11 种常见坚果的图像数据集；
2. 使用 AI 模型自动完成坚果分类任务；
3. 在验证集和测试集上取得了近乎完美的准确率；
4. 用智能手机拍摄的照片可被应用于该模型；
5. 推动饮食跟踪应用程序的开发。

很多时候，研究人员需要给包含一组文章的大容量文献做归纳总结。正如我们下面所演示的，给 ChatGPT“投喂”总结的原则和这一组文章的摘要，它就能起草一份高质量的、全面的总结。

以下研究收录在《营养》杂志题为《政策和食品环境对食品购买和饮食行为的影响》的特刊中。

提示词：

作为我的研究助理，请你根据 11 份同行评审的出版物，起草一份简短的总结，重点关注政策或食品环境对食品购买和饮食行为的影响。

总结应遵循以下要求：

1. 500 字以内；

2. 总结各研究的共同主题和发现；
3. 共同的主题和发现必须来自至少两项研究；
4. 不要一项一项地进行总结，而是根据相似性对它们进行分组；
5. 找出不寻常或矛盾的研究结果，如果有的话；
6. 使用每项研究的数字编号进行引用，如（#1，#3，#6）。

###

研究#1（McCarthy et al.，2022）：

近年来，人们对低收入社区一元店的指数级增长表示担忧，因为这些一元店很少提供健康食品，美国数个城市已经通过新政策来遏制这类商店的激增。

本项研究的目的是创建一个法律数据库，为未来的健康零售政策和计划提供信息支持。法律技术方法（指合理地使用法律技术手段的程序和方法——译者注）被用来制定旨在减缓一元店激增的地方政策。通过搜索，我们得到了 25 项符合纳入标准的政策，它们都是在 2018—2020 年颁布的。近期颁布的旨在减缓当地一元店增长的政策大多是在低收入有色人种社区通过的。它们大都集中于中西部或南部地区。通过这些政策的大多数城市的人口中，超过一半的居民被认为是非西班牙裔黑人或西班牙裔，贫困率高于全国平均水平。12 个（48%）城市暂停开设新的一元店，10 个（40%）城市禁止在现有一元店的指定距离内新建一元店。分析这些政策的施政目的声明，发现有增加健康食品的供应、使当地企业多样化以及改善社区安全性等主题。这些发现可能对其他社区的正在寻找如何降低一元店对社区健康影响的领导人，需要评估现有政策的有效性的研究人员，以及政策制定者有帮助。

研究#2（Hawkins et al.，2022）：

2019 年新型冠状病毒大流行加剧了粮食不平等的复杂性。作为健康社会决定因素之一，粮食不安全严重影响整个生命过程的整体健康。在《实现公平框架》的指导下，这一由社区参与的定性项目，研究了疫情对华盛顿特区成年人粮食安全的影响。

2020 年 11 月—2021 年 12 月期间，训练有素的社区卫生工作者在街角商店进行了半结构化访谈(n=79)。结果分为四个关键主题：① 疫情对食物获取的影响，包括用来满足需求的扩展服务和创新解决方案；② 个人和社区层面的应对和基于资产的战略；③ 信息和支持的来源；④ 疫情对健康和福祉的影响。生活经验研究在公共卫生领域的重要性日益提升，被认为是一种创新的研究方法，有利于社区的发展。

研究#3(McKerchar et al.,2022)：

儿童的社区营养环境是全球儿童肥胖率的重要影响因素。本项研究旨在监测儿童上下学途中的食品零售点类型、儿童的食品购买和消费情况，并确定种族和社会经济地位引发的差异。在这项研究中，我们分析了 147 名 11～13 岁的新西兰儿童上下学途中的照片影像，儿童佩戴自动照相机，每 7 秒记录一次影像，共记录了 444 次往返学校的旅程。相机在 48%的步行和 20%的车行旅途中，捕捉到了食品零售点。步行的儿童比车行的儿童更容易接触到出售不健康食品的食品零售点；优势比为 4.2(95% CI 1.2～14.4)。有 82 例食品购买记录，其中 84.1%为非必需食品。在 73 宗食品和饮品的消费个案中，94.5%为非必需食品或饮品消费。儿童在上下学途中经常会接触到出售不健康食品的食品零售点，建议对此进行政策干预，限制学校路线上不健康食品零售点的分布。

研究#4(Reyneke et al.,2022)：

膳食指南为个体提供健康的循证指导，以改善饮食模式，这些指导的核心通常是个体摄入的食物或食物组合。豆类是目前澳大利亚膳食指南(ADG)中推荐的一类食物，在五大类食物中，它被作为蔬菜和肉类的替代品。谷物也有益健康，因此，ADG 也在报告中鼓励全谷物消费。尽管如此，澳大利亚的豆类和全谷物消费量仍然低于 ADG 的建议值。本项探索性研究旨在了解消费者对膳食指南中使用的措辞的看法，特别是针对豆类和全谷物的措辞。根据分析，消费者对“每天至少食用一份豆类，作为蔬菜或肉类的替代品”这一说法有明显的偏好($p<0.05$)，它促进了人们消费豆类的频率和数量。对于全谷物，最受青睐的说法是“尽可能选择全谷物产品，而不是精制谷物/白面粉产品”，但这个说法并不规范，也不具体。建议 ADG 在膳食指南中使用更有效的信息，将推荐食物的食用频率、数量和质量描述得更加具体。本项探索性研究表明，通过了解消费者对推荐信息的反应，可以提高澳大利亚人膳食结构中豆类和全谷物的摄入比例。

研究#5（Barker et al.，2022）：

由于含糖饮料（SSBs）会增进肥胖的流行，美国加利福尼亚州的奥尔巴尼、伯克利、奥克兰、旧金山，以及博尔德、费城和西雅图等城市，已经制定了 SSB 税。我们汇集了 5 年内的尼尔森消费者小组和零售扫描仪数据（2014—2018），以研究这些征收 SSB 税的城市及其周边地区的消费者购买行为。我们调查了在实验期间被征税的家庭或者位于同一个州的周边地区的家庭，目的是根据收入水平和税收类型来检验 SSB 税的不同影响。对饮料购买行为的多变量分析发现：① 与 SSB 税的大小存在剂量-反应关系；② 费城税，唯一一个包含低热量饮料的税，与 SSB 购买量的大幅减少和瓶装水购买量的增加有关；③ 约 72%的税收转嫁给了消费者，但这并不随家庭收入水平的变化而变化，几乎没有发现与收入相关的影响因素。

总的来说，研究结果表明，在鼓励人们养成健康的饮料消费习惯方面，费城模式可能是最有效的。

研究#6（Racine et al.，2022）：

作为学生膳食计划的一部分，大学通常为住校学生提供各种快餐。当住校学生在校园里购买快餐时，会有交易的数字记录，可以用来研究食品购买行为。本项研究考查学生人口统计数据、经济和行为因素与所购快餐健康程度之间的关系。研究人员对 2016 年秋季到 2019 年春季在北卡罗来纳大学夏洛特校区出售的 3 781 份快餐进行了健康打分。每位参与大学膳食计划的学生都会获得快餐健康度平均分——综合该学生在一个学期内，在快餐店、小卖部或便利店购买的每种食品和饮料的健康分，进行平均计算。这项研究纳入了 14 367 名学生，产生了 1 593 235 笔交易，总交易额为 10 757 110 美元。多变量分析被用来检验与学生平均快餐健康分相关的人口统计数据、经济和行为因素。低收入家庭、在快餐食品上花费更多的钱，以及较低的 GPA（学习成绩——译者注），与较低的学生快餐健康平均分相关。未来有必要继续利用机构的食品交易数据来研究健康食品的选择。

研究#7（Salvo et al.，2022）：

通过改善城市的饮食环境来改善人们的饮食行为，是一种很有发展前景的策略，但是，很难用传统的经验方法来检验这样的策略是否有效。我们开发了一个基于个体的模型，来模拟美国得克萨斯州奥斯汀的食品环境，并测试不同的食品准入政策对低收入人群，主要是拉丁裔居民的蔬菜消费的影响。该模型是使用 FRESH-Austin Study（一项自然实验）中的经验数据开发和校准的。我们模拟了五种政策场景：① 一切照旧；②~④通过“新鲜但低价”计划（即分别通过农场摊位、流动市场和健康街角商店）扩大低价健康食品的供应；⑤ 扩大超市和小杂货店的低价蔬菜的供应量。该模型测算发现，增加健康街角商店，或者加大蔬菜成本的折扣力度（>85%的高额折扣），或两者同时增加，并不能提高低收入人群的蔬菜摄入量。设置更多的流动市场或农场摊位，提供更便宜的蔬菜，可以增加低收入人群的蔬菜摄入量。在超市和小杂货店供应打折蔬菜，也是提高低收入人群蔬菜消费量的有效政策。这项研究说明，基于个体的模型为制定食品供应政策提供了十分有用的信息。

研究#8（Ferris et al.，2022）：

学校供餐，尤其是全国性的免费供餐机制，是儿童和青少年重要的食物和营养来源。除了根据《健康、无饥饿儿童法案》（2010 年）增加营养膳食要求外，学校还可以利用膳食计划和政策机制，如社区资格认定（CEP）和铃后早餐（BATB）等项目，来增加学校在这方面的参与度。本项研究在全国范围内调查了学校 CEP 和 BATB 项目的实施情况，并评估增加免费和低价早餐（FRP）所带来的影响。我们发现，同时实施 CEP 和 BATB 项目的学校，其 FRP 早餐的普及率有所增加（增加了 14 个百分点），并且，实施 CEP 的学校更有可能实施 BATB，例如在教室吃早餐、即拿即走的手推车和“第二次机会早餐”。此外，使用条件差异分析法（DiD）分析发现，BATB 的实施使 FRP 学校的早餐供应量增加了 1.4 个百分点（$p<0.05$）。研究结果可以为政策制定者和校方提供决策信息和施政建议，强化学校在提供学生膳食和提升学生营养方面的作为。

研究#9（Chen et al.，2021）：

中国国务院办公厅于 2017 年颁布了《国民营养计划（2017—2030 年）》，指导人们改善食物供给和营养摄入。本项研究结合定性和定量分析，测算了《国民营养计划（2017—2030）》实施后人们食品购买行为的变化，并提出了主管部门和利益相关者应采取的措施。我们使用食品行业的超对数收益函数，基于 2015—2020 年中国食品企业上市公司的数据研究发现，《国民营养计划（2017—2030）》对人们的食品购买行为产生了积极的影响，而且，这种影响在人们从大型食品生产企业那里购买食品时更为明显。最后，我们还为监管机构提供了公共政策影响分析，并为食品生产企业提供了发展建议。

研究#10（Mijares et al.，2021）：

本项研究的目的是探索食物浪费和所购买食物的质量以及与杂货店购买行为之间的关系。这是一项横断面研究，涉及 109 个在家庭中负责食物采购的人。研究人员在当地杂货店外招募受访者，要求他们完成一项调查，评估可避免的食物浪费总量和在杂货店的购物总量。本项研究使用了 2016 年食品杂货采购质量指数（GPQI－2016），即根据杂货店收据评估所购买食品的质量，使用线性回归、协方差分析和点双序列相关将变量关联起来。我们发现，新鲜水果（63%）和绿叶蔬菜（70%）是被浪费最多的食物。在调整好重要的干扰因素后，我们发现，GPQI－2016 评分与食物浪费总量呈显著负相关（β＝－0.63；95% CI：－1.14，－0.12）。“食物过了保质期”这一原因与食物浪费直接相关（r＝0.40；p<0.01），但与 GPQI－2016 评分呈负相关（r＝－0.21；p＝0.04）。每周购物 2~4 次的人浪费食物的次数明显高于每周购物 1~2 次的人，但两者的 GPQI－2016 评分没有明显差异（p＝0.02）。综上所述，食物浪费与食物质量呈负相关，与杂货店购买频率直接相关。

研究#11（Bergman et al.，2021）：

肥胖的流行与餐馆的食物消费有关。菜单上的标签是一种干预手段，用于向消费者提供卡路里信息，希望他们作出更健康的食物选择。本项研究评估了年轻人在餐馆菜单上的卡路里选择与菜单设计、饮食行为和人口统计学特征之间的关系。我们采用了 3（快餐店）×4（基于菜单理论的菜单设计）的受访者（n＝480，18~24 岁）实验设计，并用逻辑回归来评估受访者的卡路里摄入选择（高热量与低热量）与菜单设计、改变阶段、性别、种族、教育水平和体重状况之间的关系。除教育水平和种族/民族外，所有自变量都至少有一个类别的受访者选择低卡路里主菜的概率更大（CI95%±5%）。正常体重和超重的受访者比肥胖的受访者选择低卡路里主菜的概率更大。此外，那些开始控制卡路里摄入量少于 6 个月或持续这种改变至少 6 个月的受访者，选择低卡路里主菜的概率比其他人更大。在快餐店的菜单上标注绿色符号和卡路里，可能会影响一些年轻人选择低卡路里的菜。

回应：

政策和食品环境对食品购买和饮食行为的影响，是 11 项研究共同的有趣主题。

研究#1、#2、#3、#6、#7、#9 的主题接近，即地方政策和食物供应对饮食行为和健康结果的影响。例如，为了促进更健康的零售环境，已经制定了限制低收入社区一元店扩张的政策，因为这些一元店提供的健康食品选择非常有限（#1）。同样，2019 冠状病毒的大流行，凸显了创新解决粮食不安全问题的必要性，例如扩展街角商店的服务（#2）。此外，新西兰的研究表明，儿童在上下学途中经常接触到出售不健康食品的零售店，需要政策进行干预（#3）。

研究#4、#5、#8、#11 的共同主题是战略干预和公共卫生信息在改善饮食行为方面的重要作用。例如，膳食指南中经过消费者测试的信息可以促进澳大利亚豆类和全谷物的消费（#4）。同样，在美国各个城市实施含糖饮料税已经证明了一种剂量-反应关系，促使人们选择更健康的饮料（#5）。此外，学校膳食计划和政策机制，如社区资格认定和铃后早餐，让免费和减半早餐更加普及（#8）。另一项研究建议在快餐店的菜单上加注绿色符号和卡路里信息，促使年轻人做出更健康的选择（#11）。

在这些研究中，矛盾之处也很明显。一项研究认为，限制不健康食品销售网点的存在有助于改善饮食行为（#3），另一项研究则认为，提升街角商店中健康食品的供应量可能不会显著提高人们的蔬菜摄入量（#7）。相反，这项研究建议对蔬菜实行高折扣或放开流动市场或农场摊位的管理。另一个不寻常的发现是食物浪费和饮食质量成反比，但更频繁的杂货店购物和更多的食物浪费相关联（#10）。

总之，这些研究都强调了地方政策、食物供应和战略性公共卫生信息在塑造人们食品购买和饮食行为方面的影响。然而，研究成果也揭示了这些关系的复杂性和潜在的矛盾，强调需要采取多方面的和针对性更强的干预措施。

本章深入探讨了 ChatGPT 在协助起草研究论文和研究报告时的多方面潜力。我们证明，通过清晰的指导和精确的指示，ChatGPT 可以为起草论文的各个部分做出突出贡献，包括摘要、引言、方法、结果、讨论、结论和参考文献。我们还展示了 ChatGPT 改进文本清晰度和流畅度的能力，以及它生成许多学术期刊所需要的研究要点的能力。

此外，本章还展示了 ChatGPT 可以帮助研究人员完成一个普遍而又麻烦的工作：总结归纳大容量的参考文献。

第十一章

炼成之道：处理同行评审意见

成功处理同行审稿人的评论和批评是提高投稿质量的关键一步。这通常需要我们对审稿人的观点进行清晰的解读、深刻的理解，并以学术的口吻对评审意见进行令人信服的回复。与前面章节中探讨的大多数任务不同，这个任务为你提供了部分提示——审稿人的意见。关键在于不要让 ChatGPT 独自回复，而是，研究人员要用自己的专业知识，给出一个初步的答案，然后让 ChatGPT 对其进行改进，并以合适的学术语言呈现出来。ChatGPT 可以在许多方面提供帮助，比如解释审稿人的意见、积极寻找解决方案、提供执行策略建议，甚至起草反驳意见——如果你选择不修改你的论文，那你需要证明你是对的。我们鼓励大家自行探索和试验这种种可能性，但是，当然，本章我们依然会给出一个真实案例（An et al.，2023），来向大家示范如何使用 ChatGPT 来回复同行评审意见。

提示词：

你将协助我处理期刊同行审稿人给出的修改意见和批评。你可以在下面找到审稿人的评论和相应的段落。你的任务是起草一份回复，需要涵盖以下方面：

1. 感谢审稿人的建议，但决定让稿件继续以简短报告的形式存在，而不是将其完善为一篇完整的文章；
2. 分别用 1~2 句话对 9 种机器学习（ML）进行逐一简介，以便公共卫生从业人员可以理解；
3. 你可以根据 ML 的类型和相似性，将 9 种机器学习算法进行归类、分组，以使简介更简洁。
4. 提供一个附录，其中包含 Python 代码中的模型规范和超参数值，以便采用；
5. 最后，提供修改后的段落供审稿人参考。

###

审稿人意见：
作者必须认识到，杂志的读者主要是公共卫生从业人员和政策制定者。从读者角度出发，作者应该解释使用以下统计方法的原因——无论是线性回归、Lasso 回归、岭回归、弹性网络、K－近邻、支持向量机，还是决策树、随机森林和极限梯度提升，要说明使用每种方法的理由是什么。如果其他人在未来复制这种方法来纠正这种和其他报告中的偏差，为什么要使用这些方法？这是我建议将这份简要报告转换为完整报告的一个重要原因。

###

提交的文稿中的相关段落：
我们使用了肥胖研究中常用的 9 个机器学习模型，用自我报告的数据来推测客观测量的身高、体重和身体质量指数（BIM），并使用均方根误差（RMSE）来比较各模型的性能。这 9 个 ML 模型使用的算法分别是：线性回归、Lasso 回归、岭回归、弹性网络、K－近邻、支持向量机、决策树、随机森林和极限梯度提升。对于每个模型，执行两个可选规范：一个规范针对基本人口统计数据进行调整，包含年龄、性别和种族/民族；另一个规范针对基本人口统计数据加上一组附加协变量进行调整，包括婚姻状态、受教育程度、收入与贫困比率、吸烟状况、自评健康状况，以及慢性病指标（即糖尿病、关节炎、冠心病、中风和癌症）。由于这两个规范实现了相似的均方根误差，我们只报告了根据基本人口统计数据调整的简约模型的结果。

回应：

亲爱的审稿人：

感谢您对我们的稿件提出周到的意见和建议。我们同意，让公共卫生从业人员和政策制定者更容易地理解这种分析方法和机器算法是至关重要的。然而，考虑到这份报告的重点在于结果，而不是方法，我们决定，让稿件继续以简短报告的形式存在，而不是将其完善为一篇完整的文章。

但是，针对您的担忧，我们将简要介绍研究中使用的机器学习模型。为了保持简洁，我们根据相似性对它们进行了分组。

1. 线性回归、Lasso 回归、岭回归和弹性网络：这些是主要用于预测连续结果的统计学方法。它们应用不同的惩罚项来约束模型复杂性，并防止过拟合。Lasso 回归和岭回归分别使用 L1 和 L2 正则化，弹性网络则将两者结合起来。
2. K-近邻（KNN）和支持向量机（SVM）：K-近邻是一种基于实例的学习算法，它根据训练集中最接近的数据点进行预测；支持向量机是一种基于边缘的算法，旨在找到分离不同类的最佳超平面。
3. 决策树、随机森林和极限梯度提升：这些都是基于树的算法。决策树简单但功能强大，为预测提供了可解释的规则；随机森林是一种集成方法，它聚合来自多个决策树的预测，以提高准确性和鲁棒性；极限梯度提升是一种梯度增强算法，它构建连续的树，每棵树都纠正前一棵树的错误，通常会获得更高的预测精度。

我们相信，以上简要介绍将有助于读者理解选择这些特定模型的原因。此外，我们将在修订后的稿件中提供一个附录，其中包含 Python 代码中的模型规范和超参数值，以帮助任何感兴趣的研究人员复制我们的方法。

以下是根据您的建议修改的段落：

我们使用了 9 个各具特色的机器学习模型，用自我报告的数据来推测客观测量的身高、体重和身体质量指数（BIM）。9 个 ML 模型中的线性回归、Lasso 回归、岭回归和弹性网络，都是适合预测连续结果的统计学方法；K-近邻和支持向量机则是分别基于实例和基于边缘的算法;决策树、随机森林和极限梯度提升都是基于树的算法,以其鲁棒性和准确性而闻名。每个模型执行两个可选规范:一个规范针对基本人口统计数据进行调整,另一个规范附加一组额外的协变量。由于两个规范实现了相似的均方根误差,我们只报告了根据基本人口统计数据调整的简约模型的结果。对于那些想复制这种分析方法的人,我们提供了一个带有 Python 代码的附录,详细说明了模型规格和超参数值。

虽然这一简短的章节展示了 ChatGPT 在回复审稿人意见方面的实际效用,但研究人员必须记住,尽管 AI 具有令人印象深刻的能力,但它并不总是能生成适当的回应。因此,研究人员必须为 AI 提供周到、详细的指导,在进行每一步之前,都要深思熟虑。更重要的是,不要把 ChatGPT 看作人类智力和判断力的替代品,而是将其视为一个强大的工具,如果使用得当,可以大大提升学术文章的修改效率。研究人员仍然是研究的核心,ChatGPT 可以增强我们的研究能力、简化我们的研究过程,但它永远不能取代人类研究者的批判思维和专业知识。

第十二章

讲述的艺术：向世界展现研究成果

在科学研究领域，一项研究的旅程并不止于在同行评审期刊上发表论文。相反，这标志着一个关键阶段的开始——与世界交流研究发现，向世界传播研究成果。这个过程对于研究成果的转化至关重要，会对决策者和利益攸关方产生影响，并赋予公众获取新知和理解该项研究的权利。

然而，在学术培训中，常常忽略了讲述科研故事的艺术，而这是有效研究交流的重要组成部分。许多研究人员在利用社交媒体和大众媒体与更广泛的受众建立联系并传播研究成果方面，经验十分有限。他们长期潜心于自己的研究，因而少有时间去发布博客、接受采访或者精心准备政策简报给决策者。

本章将探讨 ChatGPT 在解决这一难题方面的潜力。我们将深入研究其自动生成高质量的“半成品”传播材料的能力，每份材料都是为不同传播渠道定制的，旨在获得最佳的传播效果。通过本章的探索，我们的目标是为研究人员提供一个强大的工具，以扩展和增强他们的研究成果的传播范围和影响力。

首先，让我们试着使用 ChatGPT 来为不同的社交媒体平台起草帖子。

提示词：

作为我的研究助理，你的任务是起草社交媒体帖子以分享关键的研究成果。这些帖子应遵循以下标准：

1. 简明扼要，信息丰富，足够吸引人；
2. 通俗易懂，不使用专业术语；
3. 客观严谨，不夸张。

请你分别为 Twitter、Facebook、LinkedIn 和 Instagram 起草四篇帖子，根据每个社交平台的具体要求和个性特点，对帖子进行优化。

###

标题：建立机器学习模型以校正自我报告的人体测量数据

作者：安若鹏博士、季蒙蒙博士

作者简介：安若鹏博士是美国密苏里州圣路易斯华盛顿大学布朗学院的副教授；季蒙蒙博士是美国密苏里州圣路易斯华盛顿大学医学院的博士后研究助理。

摘要：监测人群肥胖风险主要依赖于自我报告的人体测量数据，这些数据容易出现记忆错误和社会期望偏差。本项研究旨在开发机器学习（ML）模型，以校正自我报告的身高、体重等人体数据，并测算美国成年人的肥胖率。研究检索了在 1999 年至 2020 年间参与全国健康与营养检测调查（NHANES）的 50 274 名成年人的数据。自我报告的人体数据和客观测量的人体数据之间，存在着统计学上显著的差异。利用受访者自我报告的数据，我们使用了 9 个 ML 模型来预测对应的客观测量的身高、体重和身体质量指数（BMI），并使用均方根误差来评估各模型的性能。使用表现最佳的模型进行测算，可以减少自我报告和客观测量之间的差异——身高差异减少了 22.08%，体重差异减少了 2.02%，身体质量指数差异减少了 11.11%，肥胖率差异减少了 99.52%。根据校正后数据测算出的肥胖率（36.05%）和根据客观测量数据测算出的肥胖率（36.03%）之间的差异在统计学上可以忽略。这些模型可用于根据人口健康调查数据来准确测算美国成年人的肥胖率。

介绍：

肥胖是导致各种不良健康后果的主要风险因素，如 II 型糖尿病、高血压、血脂异常、冠心病和某些类型的癌症。1976—1980 年、2017—2020 年，美国成年人肥胖率增加了一倍多。尽管近期的研究试点使用了临床数据（例如电子健康记录）来测算当地的肥胖率，但健康调查仍然是在人口水平上监测肥胖流行的主要手段。然而，自我报告的人体测量数据存在记忆错误和社会期望偏差。Flegal 等通过分析全国调查记录，证明了自我报告和客观测量的身高、体重、身体质量指数（BIM）之间，以及由此测算出的肥胖率，都存在着显著的差异。

机器学习（ML）涉及开发和实现算法与模型，以便在没有明确编程的情况下从数据中学习模式和见解。数据的民主化（指将政府、企业、机构等所拥有的各类公共数据推上互联网，允许任何人访问和下载——译者注），让计算能力得以提高，出现了开源软件和低代码或无代码编程，这些都让公共卫生领域的研究人员和从业人员可以方便地使用 ML。例如，ML 已被广泛应用于肥胖研究，与传统的统计方法相比，它的模式识别和结果预测能力更强。

本研究旨在建立 ML 模型来校正自我报告的人体测量数据，包括身高、体重和身体质量指数 BMI，并测算美国成年人的肥胖率。Flegal 等着重于使用统计检验和回归模型来比较自我报告和客观测量的人体数据，而我们的研究旨在使用 ML 来校正自我报告的数据的偏差。本项研究具备以下优势：利用具有全国代表性的健康调查的多波数据——其中既包括自我报告的人体数据，也包括客观测量的人体数据，评估各种被广泛使用的 ML 模型的预测性能，并提供模型相应的超参数和 Python 代码，以便公共卫生研究人员和从业人员可以轻松理解和使用。

方法：

个人数据来自 1999—2020 年间进行的全国健康和营养检查调查（NHANES）（共 11 次，每次为期两年）。NHANES 是由国家卫生统计中心（NCHS）进行的一项具有全国代表性的重复性横断面研究，旨在评估儿童和成人的健康和营养状况。NHANES 采用复杂的多阶段概率抽样设计，以确保收集的数据能够代表美国非机构平民人口的营养和健康水平。该调查包括家庭访谈、身体检查和实验室测试,并包括人口统计、饮食和健康相关问题等各个组成部分。我们从中排除了 18 岁以下的儿童和孕妇,因为这些人群具有独特的生理特征,会影响人体数据的测量。最终的样本包括在 1999—2020 年间参与 NHANES 调查的 18 岁或以上的 50 274 名成年人。NHANES 分别使用人体测高仪和数字秤收集受访者身高、体重的客观数据。这些测量由训练有素的工作人员在移动检查中心进行。而主观的人体测量,如自我报告的身高、体重及其他人口统计信息,则通过家庭个人访谈获得。据我们所知,NHANES 是唯一一个同时拥有我们研究所需的、既有客观测量又有自我报告的人体数据的全国性调查。

我们使用了 9 个 ML 模型来测算客观测量的身高、体重和身体质量指数(BMI)与受访者自我报告的数据之间的差异,并使用均方根误差(RMSE)来比较各模型的性能。我们的 ML 模型在肥胖研究中得到了广泛的应用。我们建议读者查阅我们最新的概况性综述,从中可以找到具体研究方法及应用示例的详细信息。因为篇幅限制,这些信息无法在这里呈现。

对于每个模型,我们执行了两个可选规范:一个规范针对基本人口统计数据(称作"协变量集 1")进行调整,包含年龄、性别和种族/民族;另一个规范针对基本人口统计数据加上一组附加协变量(称作"协变量集 2")进行调整,包括婚姻状态、受教育程度、收入与贫困比率、吸烟状况、自评健康状况,以及慢性病指标(即糖尿病、关节炎、冠心病、中风和癌症)。由于这两个规范实现了相似的均方根误差,我们只报告了根据基本人口统计数据调整的简约模型的结果,即"协变量集 1"。

我们将 NHANES 数据集随机分成训练集(80%)和测试集(20%),以确保对 ML 模型的评估是适当的。在开始训练之前,我们对数据集进行了标准化,以实现更有效的模型训练,并确保所有特征的重要性相等。为了防止过拟合,我们在训练过程中对每个 ML 模型进行了 10 折交叉验证。此外,我们使用网格搜索进行超参数调优,以确定每个模型的最优参数。训练后的模型用于预测测试集中的目标(即客观测量的身高、体重和 BMI),并基于均方根误差来评估它们的性能。使用 Python 3. 11. 0 和 scikit-learn 1. 1. 3 进行数据管理和建模。

本项研究使用了公开的、去标识的 NHANES 数据，因此免于圣路易斯华盛顿大学机构审查委员会（IRB）的人体受试者审查。

结果：

在我们对 NHANES 成人样本的分析中，我们观察到自我报告和客观测量的人体数据之间存在着差异。

身高方面，自我报告的平均值为 1.68 米，客观测量的平均值为 1.67 米，平均绝对差（MAD）为 0.03 米，标准差（SD）为 0.03 米。

体重方面，自我报告的平均值为 80.50 千克，客观测量的平均值为 81.09 千克，MAD 为 2.89 千克，SD 为 3.77 千克。

BMI 方面，自我报告的平均值为 28.17 千克/平方米，客观测量的平均值为 28.85 千克/平方米，MAD 为 1.43 千克/平方米，SD 为 1.70 千克/平方米。

根据自我报告的 BMI，肥胖症（BMI≥30 千克/平方米）的患病率为 31.87%；根据客观测量的 BMI，肥胖症患病率高达 36.03%，差异显著（P 值<0.001）。

表 1 报告了在训练集和测试集上应用 10 折交叉验证后各模型得到的均方根误差（RMSE）。大多数 ML 模型表现接近。在所有 9 个 ML 模型中，极限梯度提升（XGBoost）在训练集和测试集上都最准确地预测了身高、体重和 BMI。采用 XGBoost 模型，NHANES 受访者自我报告的身高与客观测量的样本平均身高之间的差异降低了 22.08%，体重差异降低了 2.02%，BMI 差异降低了 11.14%，肥胖率差异降低了 99.52%。预测的肥胖率（36.05%）与客观测量的肥胖率（36.03%）之间的差异在统计学上无显著性（p 值 =0.86）。附录 1 提供了在 Python 中运行 9 个 ML 模型的 scikit-learn 软件机器学习库和模型超参数值。

讨论：

准确监测肥胖风险对于制定有效的政策干预至关重要。由于财政、资源和时间的有限，在人口水平上收集客观测量的人体数据缺乏可行性。相比之下，采用自我报告的方式，可以低成本地采集到大量数据，但数据容易存在偏差。NHANES 成人样本显示，基于自我报告的身高、体重数据而测算出的肥胖率可能严重低于实际患病率(31.87% vs 36.03%)。

本项研究建立了ML模型,利用自我报告的身高和体重来测算真实的数据。表现最好的模型缩小了自我报告和客观测量的肥胖率之间99%的差距,NHANES受访者的ML预测肥胖率(36.05%)与实际肥胖率(36.03%)几乎相同。此外,ML模型针对一组基本的个人人口统计数据(即年龄、性别和种族/民族)进行了调整。大多数健康调查很容易获取这些人口统计变量,这就减轻了为模型预测而收集额外数据的负担。公共卫生领域研究人员和从业人员可以使用这些模型来校正自我报告的身高和体重数据,并测算研究样本中的肥胖率。

本项研究有几个局限性:

NHANES的调查对象是美国非机构平民人口。机构人口或美国之外其他国家的人口没有出现在NHANES样本中。因此,本项研究开发的ML模型,可能无法预测那些未被纳入调查人群的人体数据。该模型的应用仅限于身高和体重测量数据,其他常用的与肥胖相关的指标,如腰围和腰臀比,未被纳入其中。这些模型是建立在NHANES成人样本之上的,自我报告的人体数据中的记忆错误和社会期望偏差影响可能在成人和儿童/青少年之间有所不同。这些错误和偏差也可能在自我报告的数据和父母报告的数据之间有所不同,需要通过另外的研究来为儿童和青少年自我报告或父母报告的数据纠偏构建ML模型。由于影响自我报告的身高、体重的社会心理因素会随着时间的推移发生演变,ML模型可能会出现数据漂移,需要使用新收集的数据进行定期再训练。

对政策和实践的启示:

肥胖是美国乃至全世界的一个主要的公共健康问题。监测肥胖风险主要依赖于自我报告的人体数据,这些数据容易出现记忆错误和偏差。本项研究开发了ML模型来校正自我报告的身高和体重,以此测算美国成年人的肥胖率。表现最好的模型缩小了自我报告和客观测量的肥胖率之间99%的差距。公共卫生研究人员和从业者可以使用这些模型,利用人口健康调查的数据,准确测算美国成年人的肥胖率。未来可以考虑进一步开发ML模型,以校正美国儿童和青少年自我报告和父母报告的数据偏差。

回应：

Twitter 帖子：

来自@圣路易斯华盛顿大学的安若鹏博士和季蒙蒙博士的新研究，为解决肥胖监测中的偏差带来了一种新方法！他们使用机器学习来提高自我报告的身高、体重的真实性和测算肥胖率的准确性。看看他们的开创性工作吧！#公共健康 #机器学习#肥胖研究

Facebook 帖子：

你有没有想过，自我报告的身高和体重数据与真实数据有多大偏差？来自圣路易斯华盛顿大学的安若鹏博士和季蒙蒙博士找到了解决这个老大难问题的方法。利用机器学习，他们能够校正自我报告的数据偏差，更准确地测算肥胖率。这可能会改变健康研究和政策制定的游戏规则！在这里阅读更多关于他们的创新研究。#公共健康#机器学习#肥胖研究

LinkedIn 帖子：

来自圣路易斯华盛顿大学的安若鹏博士和季蒙蒙博士的新研究，为更准确地获得肥胖流行数据铺平了道路。利用机器学习，他们能够校正自我报告的身高和体重的数据偏差，从而更准确地测算肥胖率。对于依赖调查数据的公共卫生研究人员和从业人员来说，这种创新方法是一次飞跃。点击下面的链接了解更多他们的工作。#公共健康#机器学习#肥胖研究

Instagram 帖子：

“创新研究警报！”来自圣路易斯华盛顿大学的安若鹏博士和季蒙蒙博士在公共卫生研究方面取得了重大突破。他们利用机器学习来校正自我报告的身高和体重数据偏差，从而更准确地测算人群中肥胖的流行度。这可能会彻底改变我们理解和解决肥胖问题的方法！向左滑动以了解更多有关他们开创性研究的信息。#公共健康#机器学习#肥胖研究

新闻稿是沟通研究发现、传播研究成果的重要工具。它简明扼要，以易于理解和引人入胜的方式，介绍研究的主要发现。新闻稿分发给记者和媒体机

构，提供必要的信息，以激发他们的兴趣，并促进其进一步报道研究项目。一份精心准备的新闻稿，可以吸引不同媒体的注意，“诱惑”他们来采访相关的研究人员。这些采访让公众有机会看见和理解这项研究成果，并引发广泛的讨论，这反过来也可以促进研究人员的思考。总之，一份精心制作的新闻稿不仅能扩大研究成果的影响范围，还可以让研究人员与社会有广泛而直接的接触与沟通。

提示词：

作为我的研究助理，你的任务是起草一份新闻稿，分享主要的研究成果。新闻稿应遵循美国生物化学和分子生物学学会（ASBMB）的指导方针，总结/改编的要点如下：

1. 清晰、简洁、准确、吸引人。
2. 有关新闻稿示例，请咨询 EurekAlert。
3. 标题：简短而有吸引力，使用主动语态。避免在标题中包含过多的科学细节。例如，在表达上，“癌细胞通过一种新的分子信使传递信息”优于“微囊衍生的微雷达 DNA 对肿瘤形成过程中的细胞间信号传导很重要”。
4. 第一段：用 3~4 句话说清楚，谁（作者），什么（主要内容），何时（期刊和出版日期），以及为什么（相关性）。再次强调，要使用主动语态，避免使用专业术语。第一段应该是对整个研究项目的概述。
5. 后续段落：新闻稿的其余部分应将研究发现置于时代环境中作进一步阐述——为什么它是令人兴奋或出乎意料的？同时提供一些额外的信息。忽略具体的实验细节，而是描述这一发现是如何推进科学发展、强化核心思想或提供一种新方法的。但是，不要过度炒作或过度推销研究发现。当然，你可以在适当的时候创建和插入来自作者的引用。
6. 联系方式：记得附上通讯作者的联系信息，包括他们的姓名、电子邮件、电话号码和机构名称。提供获取原始论文的信息，如 URL 或 DOI。
7. 被禁信息：如果新闻稿是在媒体被禁期间发出的，请注明禁令解除的日期和时间。

###

（标题、作者信息、摘要、稿件应附在后面，但为简洁起见，此处省略。）

回应：

即时发布

标题：机器学习弥合自我报告和实际肥胖率之间的差距

圣路易斯华盛顿大学的安若鹏博士和季蒙蒙博士本月发表在【期刊名称】上的一项新研究，强调了机器学习在准确测算美国成年人肥胖率方面所发挥的强大作用。本项研究解决了自我报告和客观测量的肥胖率之间的差异，为公共卫生研究人员和从业者提供了一个重要工具。

现有的肥胖监测主要依赖于自我报告的身高和体重数据，由于记忆错误或偏差，这些数据往往不准确。安博士和季博士利用 1999—2020 年的全国健康与营养检测调查（NHANES）数据开发了多个机器学习模型，涉及 5 万多名成年人。其中表现最好的 ML 模型，成功地将自我报告和客观测量的肥胖率之间的差异减少了惊人的 99.52%。

安博士说："这些发现代表着我们监测肥胖流行的能力向前迈出了重要一步。""通过将机器学习应用于自我报告的数据纠偏，我们可以大大提高测算肥胖率的精确度。"

机器学习模型还有一个优势，即只需要年龄、性别和种族/民族等基本的人口统计信息就可以进行测算，而这些信息通常在大多数健康调查中都是很容易获取的。这避免了收集额外数据的需要，使该方法既高效又具有成本效益。

虽然研究人员承认局限性的存在，例如在 NHANES 样本中缺乏机构人群或美国以外人群的代表性，但这项研究提出了一种开创性的方法来校正公共卫生研究中自我报告的数据偏差。

原始研究论文可以访问【插入 DOI 或 URL】。

如需更多资料，请联系：

安若鹏博士

电子邮件：【插入电子邮件】

电话：【插入电话号码】

美国密苏里州圣路易斯华盛顿大学

季蒙蒙博士

电子邮件：【插入电子邮件】

电话：【插入电话号码】

美国密苏里州圣路易斯华盛顿大学医学院

请注意：如果本新闻稿发布于媒体禁令时期，禁令将在【插入日期和时间】解除。

虽然新闻稿可以有效地引起媒体的兴趣，但博客文章为沟通研究发现、传播研究成果提供了另外一个独特的途径，即可以提供更详细、更个性化的解读研究成果的视角。与主要为记者撰写的新闻稿不同，博客文章直接面向普通公众、利益攸关者或特定的利益群体。在博客这个"舞台"上，研究人员可以更自由地解释他们的研究成果，更详细地展示他们的研究方法和研究过程，分享个人见解和研究过程中的轶事趣闻。此外，博客的互动性，包括评论区和分享到社交媒体的功能，都鼓励一种双向的交流，使读者可以更深入地了解该研究项目。这种个性化的互动形式，可以使研究成果与社会公众有更强的相关性，让更多的公众更有意愿去了解和理解这项研究。

提示词：

作为我的研究助理，你的任务是根据我们最近在同行评审期刊上发表的一篇论文起草博客文章。我给你提供一篇由 Schmitter 等于 2023 年撰写的博客文章作为参考案例。

###

博客文章示例：

题目：求解：剧烈运动能缓解记忆偏差、反刍思维和消极情绪吗？

博客文章：

人们普遍认为运动有益心理健康。哪怕只是一次锻炼，也能提升积极情绪，减少愤怒或悲伤等负面情绪。因此，运动被用来治疗包括抑郁症在内的情绪障碍也就不足为奇了，何况大量研究也证明了运动在减轻抑郁症状等方面的有效性，然而，我们依然不清楚运动是如何对心理健康起作用的。

如果我们知道运动对人的心理的作用机制，我们就可以提升运动疗法和患者特征之间的匹配度，治疗效率或许因此而获得提高。值得关注的是，其他循证治疗抑郁症的作用机制都被研究得很充分，唯独没有从运动效果的角度研究过，尽管生物效应证实运动可以改善记忆偏差和反刍思维。

因此，我们的调查旨在评估运动对反刍思维和抑郁型记忆（即负面偏见和过于笼统的记忆）的作用机制。我们邀请了 100 名不定期的锻炼者作为受访者，他们被随机分为两组。一组受访者在我们的实验室里以中等强度水平运动了 25 分钟；另一组受访者在家中休息了 25 分钟。在运动前后，受访者回答了有关情绪和反刍思维的问题，并在计算机上完成了记忆测试问卷。

锻炼组报告了更多的积极感受，却没有在反刍思维、记忆泛化或负面影响方面发现两组之间存在差异。有趣的是，与我们的预计正相反，运动组的受访者报告说他们在运动后经历了更多的负面偏见记忆。这一发现与通常认为的运动有抗抑郁作用相矛盾，似乎一次运动不足以改变与抑郁相关的认知。我们需要做更多的研究来检验运动有益心理健康的作用机制。

阅读全文：Schmitter，M，Vanderhasselt，M. A，Spijker，J.，Smits，J. A，& Vrijsen，J. N.（2023）. Working it out：Can an acute exercise bout alleviate memory bias，rumination and negaltive mood? Congnitive Behaviour Therapy，1 – 14.

###

出版信息：（标题、作者信息、摘要和文稿应附在下面。简洁起见，此处省略。）

回应：

题目：让监测更精确：使用机器学习模型来校正自我报告的数据偏差

博客文章：

肥胖是全世界范围内的一个重大健康问题，会给人们带来Ⅱ型糖尿病、高血压和心脏病等各种潜在的健康危害。然而，监测肥胖的流行度并不容易。人口水平的调查通常采用自我报告的方式，但由于记忆错误或社会期望偏差的影响，可能会导致数据不准确。为了解决这个问题，我们圣路易斯华盛顿大学研究团队开发了机器学习模型，可以校正自我报告的身高、体重数据偏差，从而更准确地测算人群中肥胖症的患病率。

传统上，健康调查一直是监测肥胖水平的主要手段。但是，在自我报告和客观测量的人体数据之间存在着较大的差异。我们的研究旨在通过构建机器学习模型来弥合这一差距，该模型使用自我报告的数据来预测客观测量的身高、体重和身体质量指数（BMI）。然后，我们使用校正过的人体数据测算美国成年人的肥胖率。我们使用的数据来自全国健康和营养检测调查（NHANES），这是一项具有全国代表性的研究，既有自我报告的数据，也有客观测量的数据。我们的研究样本包括 1999—2020 年参加 NHANES 调查的 50 274 名成年人。我们的研究有如下优势：样本量大且多样化，并评估了多个机器学习模型的性能。

我们使用 NHANES 数据训练了 9 个机器学习模型，我们发现表现最好的模型——极限梯度提升（Extreme Gradient Boosting，XGBoost）——显著减少了自我报告和客观测量数据之间的差异。使用 XGBoost 模型，我们成功地缩小了自我报告和客观测量的肥胖率之间 99%以上的差距，36.05%的测算肥胖率与 36.03%的实际肥胖率非常接近。

本项研究的意义重大。准确监测肥胖风险对于制定有效的干预政策至关重要。然而，由于资金、资源和时间的限制，在人口层面用客观测量方式收集数据往往是不可行的。我们可以使用成本低廉的自我报告数据，通过机器学习模型来进行校正，从而显著提高测算肥胖率的精度。

值得注意的是，我们的机器学习模型是基于特定样本构建的，即美国的非机构平民人口。将该模型应用于其他人群时，可能表现不佳。此外，我们的模型专注于身高和体重的测量数据，不包括其他常用的监测肥胖的指标，比如腰围。未来可以考虑开发适用于其他人群的机器学习模型，以及可以用来校正美国儿童和青少年自我报告和父母报告的人体数据偏差的模型。

尽管存在这些局限性，但我们的研究朝着更准确地监测肥胖流行度迈出了重要的一步。我们开发的模型易于使用，公共卫生研究人员和从业人员可以轻松地使用它来测算他们的研究样本中的肥胖率。我们为公共卫生研究和制定干预措施提供了有价值的工具。

阅读全文：An R, Ji M. Building Machine Learning Models to Correct Self-Reported Anthropometric Measures [published online a head of print, 2023 May 3]. J Public Health Manag Pract. 2023; 10. 1097/PHH. 0000000000001769. doi: 10. 1097/PHH. 0000000000001769.

信息图表是一种强大的工具，以引人入胜和易于理解的视觉方式传达研究成果。图像化的视觉表示可以将复杂的数据和概念提炼成易于理解、有吸引力的内容，十分有效地将研究成果传递给可能不太熟悉专业术语的普通公众和政策制定者。信息图表可以突出强调最关键的研究成果，可以清晰地说明研究的过程，或可以将数据可视化。虽然以 ChatGPT 目前的能力还不能直接生成信息图表，但它可以通过为创建信息图表提供详细的大纲，规划不同部分的内容，建议相应的可视化方式，而起到协助作用。最后，我们可以将 ChatGPT 绘制的“蓝图”交给图形设计师或使用图形软件来创建信息图表。这样就大大简化了信息图表的制作过程。

提示词：

信息图表是数据或知识的图形表示，旨在快速清晰地传播信息。根据我们的同行评审期刊论文，你的任务是：

1. 起草信息图表展示的内容；
2. 对内容中的每个具体组成部分提出适当的视觉呈现建议；
3. 推荐两个最流行的创建信息图表的免费软件。

建议你遵循 Joshi 和 Gupta（2021）的建议来起草内容并提供视觉呈现的建议：

1. 所呈现的信息应该简洁、易懂、不言自明，让读者易于理解；
2. 简洁是吸引读者注意力的关键，“少即是多”，目标是用尽可能少的文字传达精心策划的、最重要的信息；
3. 使用图表、流程图、表格、思维导图、列表、面积图、词云、图表等来表示数据，这样可以增强阅读体验，帮助读者更好地记忆信息。

###

出版信息：（标题、作者信息、摘要和文稿应附在下面。简洁起见，此处省略。）

回应：

信息图内容草稿：

标题：用机器学习校正自我报告的人体数据偏差

1. 肥胖问题
- 肥胖是导致各种健康问题的主要风险因素
- 监测肥胖风险对于制定有效的干预政策至关重要

2. 所面临的挑战
- 自我报告的人体测量数据容易出现记忆错误和社会期望偏差
- 在人口水平上收集客观测量的数据通常不可行

3. 解决方案：机器学习模型
- 利用 ML 模型校正自我报告的身高、体重和 BMI 数据
- 准确测算美国成年人的肥胖率

4. 结果
- XGBoost 模型取得了最佳性能
- 将自我报告的肥胖率与客观测量的肥胖率之间的差异降低了 99%以上

5. 影响
- 公共卫生研究人员和从业者可以采用这一模型更准确地测算人群中的肥胖率

- 未来可以针对儿童和青少年开展进一步研究

视觉呈现建议

1. 肥胖问题
- 视觉呈现：用面积图展示肥胖率随时间不断增长

2. 面临挑战
- 视觉呈现：用条形图并排对比自我报告的数据与客观测量的数据

3. 解决方案：机器学习模型
- 视觉呈现：用流程图说明使用 ML 模型校正自我报告数据偏差的过程

4. 结果
- 视觉呈现：用条形图比较各种 ML 模型的性能，突出显示 XGBoost 模型
- 视觉呈现：用两个饼状图比较自我报告的肥胖率和 ML 校正后的肥胖率

5. 影响
- 视觉呈现：用图标集代表校正肥胖数据的应用（如政策、研究）

创建信息图表的免费软件推荐：
- Canva（www. canva. com）
- Piktochart（www. piktochart. com）

问答（Q&A）通常用于 FAQ（Frequently Asked Questions）页面，是沟通和传播研究成果的有效方法。这一设置是为了照顾公众的需求，尤其是那些可能缺乏足够的科学知识或没有时间阅读完整论文的人。Q&A 问答将复杂的研究结果分解成易于理解和接受的部分，每个问题针对研究的某个特定方面。这种形式可以让读者轻松地找到和理解他们最感兴趣的信息，扩大研究成果的传播范围，提高研究成果的接受度。此外，Q&A 还可以纠正常见的误解，详细说明研究的意义，以用户友好的方式阐明技术问题。ChatGPT 可以帮助生成这些问

答，将复杂的科学语言翻译成通俗易懂的语言，并确保清晰、简洁而又吸引人。

提示词：

作为我的研究助理，你将起草 10 个问题与回答（Q&A），用于我们同行评审期刊论文的 FAQ 页面。问答应遵循以下指导原则生成：

1. 保持简洁；
2. 使用清晰简单、通俗易懂的语言；
3. 使用项目符号，便于阅读；
4. 使用与主题相关的问题；
5. 使用经常被问到的问题；
6. 提供准确的答案。

###

出版信息：（标题、作者信息、摘要和文稿应附在下面。简洁起见，此处省略。）

回应：

Q1：你们的主要研究目的是什么？

A1：我们的论文题为 Building Machine Learning Models to Correct Self-reported Anthropometric Measures，主要研究目标是开发机器学习模型来校正自我报告的身高、体重和体重指数（BMI）的数据偏差。利用校正后的数据，我们可以更准确地测算美国成年人的肥胖率。

Q2：为什么校正自我报告的人体测量数据很重要？

A2：自我报告的人体测量数据，如身高和体重，往往受记忆错误和社会期望偏差的影响，导致低估或高估肥胖率。测算的准确性对于制定有效的公共卫生干预政策和措施至关重要。

Q3：您的研究使用了哪些数据来源？

A3：我们使用了 1999—2020 年全国健康与营养检查调查（NHANES）的个人数据，涉及 50 274 名成年人。该调查是一项具有全国代表性的重复横断面研究，旨在评估美国儿童和成人的健康和营养状况。

Q4：您是如何校正自我报告的人体测量数据的偏差的？

A4：我们开发并使用了 9 个机器学习模型来预测客观测量的身高、体重和身体质量指数（BMI）与受访者自我报告的数据之间的差异，这些模型包括线性回归、Lasso 回归、岭回归、弹性网络、K－近邻、支持向量机、决策树、随机森林和极限梯度推进（XGBoost）。

Q5：您用什么指标来评估这些机器学习模型的性能？

A5：我们使用均方根误差（RMSE）来评估这些模型的性能。这种评估方法显示了误差的平均幅度，表明模型预测目标变量的准确性。

Q6：在您的研究中，哪个模型表现最好？

A6：极限梯度提升（XGBoost）模型在训练集和测试集上都实现了最低的均方根误差，最准确地预测了身高、体重和 BMI，还显著降低了自我报告和客观测量的肥胖率之间的差异。

Q7：表现最好的模型在多大程度上提高了数据的准确性？

A7：XGBoost 模型将自我报告与客观测量的样本平均身高之间的差异降低了 22.08%，体重差异降低了 2.02%，BMI 差异降低了 11.14%，肥胖率差异降低了 99.52%。

Q8：您的研究结果在公共卫生实践和研究中的潜在应用是什么？

A8：我们开发的机器学习模型可以被公共卫生研究人员和从业人员用来校正自我报告的身高和体重数据的偏差，并测算他们的研究样本中的肥胖率。这将为制定公共卫生政策和干预措施提供更准确的依据。

Q9：您的研究有什么局限性吗？

A9：是的，我们的研究有一些局限性：

- NHANES 样本不包括机构人口或美国以外国家的人口；
- 该模型的应用仅限于身高和体重的数据；

- 该模型建立在 NHANES 成人样本基础上，可能不适用于儿童和青少年；
- 该模型可能容易出现数据漂移，需要使用新收集的数据定期进行训练。

Q10：您的研究对未来的研究有何启示？

A10：未来的研究应该考虑进一步开发机器学习模型，使其可以校正美国儿童和青少年的自我报告或父母报告的人体数据。还应该考虑将模型扩展到可以纳入其他肥胖指标，如腰围和腰臀比。最后应该考虑如何解决数据随时间漂移的问题。

制作 PPT 通常很费时间，尤其是当你试图将整篇研究文章提炼成简洁、有影响力的演示文稿时。充分利用 ChatGPT 的功能可以提高制作 PPT 的效率。ChatGPT 可以帮助我们将文章内容拆解为若干关键点，突出最重要的发现，并清晰地展示论文的逻辑。虽然 ChatGPT 不能直接制作 PPT，但它可以提供演示文稿的文本内容和结构，大大减少研究人员自己制作 PPT 所花的时间和精力。

提示词：

作为我的研究助理，请你根据以下同行评审期刊论文准备 PPT 内容。应遵循以下指导原则：

1. 简洁、清晰、准确；
2. 尽可能多地使用要点；
3. 为每张幻灯片提供一个信息丰富的标题；
4. 采用简单易懂的提纲；
5. 幻灯片数量在 15~20 张之间；
6. 在演讲开始时提供学习目标；
7. 回顾研究的关键方面，并在演讲结束时提供要点；
8. 最后一张幻灯片应为问答页面，同时表达感激之情。

###

出版信息：（标题、作者信息、摘要和文稿应附在下面。简洁起见，此处省略。）

回应：

幻灯片 1：标题

- 题目：Building Machine Learning Models to Correct Self-reported Anthropometric Measures
- 作者：安若鹏博士、季蒙蒙博士
- 隶属单位：美国密苏里州圣路易斯华盛顿大学布朗学院；美国密苏里州圣路易斯华盛顿大学医学院

幻灯片 2：学习目标

- 了解自我报告的人体测量数据在监测肥胖方面的局限性
- 了解机器学习（ML）模型如何校正自我报告的数据偏差
- 认识到这些模型在测算肥胖率方面的重要性

幻灯片 3：介绍-肥胖和自我报告的测量值

- 肥胖是一个主要的健康风险
- 从 1976—1980 年到 2017—2020 年，美国成年人的肥胖率翻了一番
- 健康调查依赖于自我报告的人体测量值，容易出现记忆错误和社会期望偏差

幻灯片 4：引言-机器学习与公共卫生

- 机器学习（ML）涉及开发模型以从数据中学习模式
- 由于计算能力的提高、开源软件和低/无代码编程的出现，ML 变得越来越容易使用
- ML 已被应用于肥胖研究，以增强模式识别和结果预测

幻灯片 5：研究目标

- 开发 ML 模型来校正自我报告的身高、体重和 BMI 值
- 使用这些模型来测算美国成年人的肥胖率

幻灯片 6：方法-数据来源

- 数据来自 1999—2020 年参与全国健康和营养检测调查（NHANES）的 50 274 名成

年人

- NHANES 是一项评估美国儿童和成年人健康和营养状况的代表性研究
- 排除了 18 岁以下的儿童和孕妇

幻灯片 7：方法-机器学习模型

- 9 个 ML 模型用于预测客观测量的身高、体重和 BMI
- 模型：线性回归、Lasso 回归、岭回归、弹性网络、K-近邻、支持向量机、决策树、随机森林和极限梯度提升（XGBoost）。

幻灯片 8：方法-模型规格

- 两个规格：一个针对基本人口统计信息（年龄、性别、种族/民族）进行调整；另一个针对其他协变量进行调整
- 由于两者均获得了相似的均方根误差（RMSE），因此仅报告根据基本人口统计信息调整的模型的结果

幻灯片 9：方法-数据管理和建模

- 将数据集随机拆分为训练集和测试集（分别为 80%和 20%）
- 训练模型之前先标准化数据集
- 对每个 ML 模型的训练集执行 10 折交叉验证
- 使用网格搜索进行超参数调优

幻灯片 10：结果-自我报告与客观测量数据

- 根据自我报告和客观测量的身高、体重、BMI 来测算肥胖率，存在显著差异
- 根据自我报告数据测算的肥胖率为 31.87%；根据客观测量数据测算的肥胖率为 36.03%

幻灯片 11：结果-模型性能

- 大多数 ML 模型获得了类似的性能
- XGBoost 在预测客观测量的身高、体重和 BMI 方面的 RMSE 最低

幻灯片 12：结果- XGBoost 性能

- XGBoost 将自我报告和客观测量的样本平均身高之间的差异减少了 22.08%，体重差

异减少了 2.02%，BMI 差异减少了 11.14%，肥胖率差异减少了 99.52%

- 预测和客观测量的肥胖率之间的差异在统计学上不显著

幻灯片 13： 讨论-精确监测肥胖的重要性

- 准确监测肥胖对制定有效的干预政策至关重要
- 自我报告的数据具有成本效益，但容易产生偏差
- 模型缩小了自我报告和客观测量的肥胖率之间 99%以上的差距

幻灯片 14： 讨论-局限性

- NHANES 样本仅代表美国非机构平民人口
- 模型仅适用于矫正身高和体重数据
- 研究聚焦成年人，而儿童/青少年的记忆错误和社会期望偏差可能与成年人有所不同
- 模型容易出现数据漂移，需要定期再训练

幻灯片 15： 对政策和实践的影响

- 肥胖是全球主要的公共卫生问题
- 自我报告的数据是很常用的，但容易出现错误和社会期望偏差
- ML 模型可用于使用人口健康调查中自我报告的数据来准确测算肥胖率

幻灯片 16： 未来研究

- 需要 ML 模型来校正儿童和青少年自我报告和父母报告的数据偏差
- 使用新收集的数据对模型进行定期再训练，以解决数据漂移问题

幻灯片 17： Q&A

- 谢谢您的关注。我们欢迎您的提问和反馈。

政策简报是学术研究和政策制定之间的重要桥梁，它将复杂的研究成果转化为政策制定者可理解、可操作的观点陈述和政策建议。它的重要性怎么强调都不过分，因为它是研究人员让相关人士“看见”自己的工作并影响其决策的工具。

学术写作面向专家，通常使用技术语言，政策简报则不同，优先考虑的是表达的清晰度、简洁性和与阅读者的相关性。它以简洁易懂的方式呈现当下现实问题、循证政策的选择以及潜在的影响。通过提供同行评审期刊的论文和具体的指导，ChatGPT 可以自动生成一份政策简报草案——草案紧扣研究本质，将其有效地传达给决策者。

提示词：

政策简报可以简明扼要地提供重要信息，帮助阅读者理解、进而可能据此做出政府决策（UNC Writing Center，2023）。政策简报可以给出相关研究的客观总结，提出可能的政策选择，或者更进一步，力证某项特定行动方案的科学性。作为我的研究助理，你的任务是为我们在同行评审期刊上发表的论文起草一份政策简报。简报应包含以下部分：

1. 标题：一个好标题能以令人印象深刻的方式快速传达简报内容；
2. 执行概要：这部分通常是 1~2 段，包括问题概述和政策建议；
3. 问题的背景或范围：这部分强调问题的重要性，旨在说服阅读者制定政策的必要性；
4. 政策选择：这部分讨论现行政策，同时陈述提供的政策选项。这部分的表达应努力做到公平、准确，让阅读者认可简报中提供的政策建议是最可取的；
5. 政策建议：这部分详细解释政策建议，包括每一步该如何实施；
6. 附录：如果一些阅读者需要进一步地阅读才能接受你的建议，但在简报中这样做可能会破坏其他人的阅读感受，你可以在附录中添加额外的信息。

###

出版信息：（标题、作者信息、摘要和文稿应附在下面。简洁起见，此处省略。）

回应：

政策简报：

题目：Correcting Self-reported Anthropometric Measures Using Machine Learning：A

New Approach for Reliable Obesity Prevalence Estimation.（使用机器学习模型来校正自我报告的数据偏差：预测肥胖流行率的可靠新方法）

执行概要：

肥胖率的测算主要使用自我报告的人体测量数据，存在记忆错误和社会期望偏差，导致测算不准确。本政策简报讨论了机器学习（ML）模型如何校正身高、体重和身体质量指数（BMI）的数据偏差，并准确测算美国成年人的肥胖率。这些模型可以帮助研究人员和从业人员监测肥胖趋势，并为制定干预措施提供依据。

问题的背景或范围：

肥胖是一个重大的公共卫生问题，会导致各种不良健康后果。准确测算肥胖率对于制定干预政策和公共卫生规划至关重要。然而，这类数据的主要来源——自我报告的人体测量数据——容易出现记忆错误和社会期望偏差，从而导致对肥胖率的低估。因此，迫切需要可靠的、具有成本效益的方法来测算肥胖率。

政策选择：

目前监测肥胖率的方法依赖于自我报告的人体测量数据，这些数据存在固有的不准确性。另一种选择是直接测量，但由于资金、资源和时间有限，这通常是不切实际的。本简报使用机器学习模型来准确测算肥胖率，是一种很有前途的方法。

政策建议：

1. 采用机器学习模型：这些模型应该被用于校正自我报告的人体数据，从而提高测算肥胖率的准确性。
2. 模型的定期再训练：由于自我报告数据和客观测量数据之间的关系可能会随着时间的推移而变化，因此应该使用新收集的数据定期对机器学习模型进行再训练，以避免数据漂移。
3. 将模型扩展到其他人群：鉴于这些模型是使用美国成年人数据开发的，应该拓展这些模型，使其适用于其他人群，包括儿童、青少年和非美国人群。
4. 其他措施：未来的研究应该努力将其他常用的与肥胖相关的指标，如腰围和腰臀比，纳入机器学习模型。

附录：

1. Python 代码和模型超参数：提供了运行 9 个 ML 模型的 Python 代码和模型超参数。
2. 额外的研究细节：包括有关研究方法和 ML 模型在肥胖研究中的应用的更详细信息。

本章探讨了 ChatGPT 帮助研究人员在学术圈之外交流和传播研究成果的各种方式。从起草吸引眼球的社交媒体帖子和制作简洁的新闻稿，到生成完整的博客文章和提供创建信息图表的大纲，ChatGPT 简直成了研究人员“武器库”中的秘密武器。它还可以帮助科研人员为 FAQ 页面创建通俗易懂的 Q&A，提高科研人员制作 PPT 的效率，并协助起草旨在影响决策者的政策简报。但是，在我们利用 AI 这些“超能力”时，始终要记住，工具的有效性取决于研究人员的“输入”。当我们利用 AI 的力量来增强我们的研究能力、拓展研究成果的影响面时，我们必须继续致力于确保我们分享的内容的准确性、完整性和相关性。

第十三章

一次壮游：拥抱人工智能的力量

当我们结束此次探讨如何利用 ChatGPT 提升研究生产力的旅程时，我们拨开云雾，仿佛看见自己正站在科研新时代的山巅之上。我们经历了研究的各个阶段，见识了人工智能在简化科研任务、激发我们的创造力和增强我们的能力方面所迸发出的巨大变革潜力。从寻找符合研究主题的数据起步，一直到起草论文、回应评审意见，所有的一切，都在证明 ChatGPT 有多“能干”。

尽管人工智能尚缺完美的推理能力，偶尔还会出现错误，但我们已经用许多案例证明了，只要小心使用、认真督导，ChatGPT 完全可以成为非常强大的研究助理。它可以处理劳动密集型任务，让研究人员能够专注于研究工作中更令人兴奋、更具挑战性的方面。而且，我们提出了一个与 ChatGPT 互动的新视角：在最大清晰度和追求开放式解决方案的原则指导下，鼓励通过真诚的对话来与 ChatGPT 交流，而非用死板的固定的格式。

我们对提示词工程的探索为您提供了一套基本规则，以增强您与 ChatGPT 的交互。当您与人工智能互动时，您可以学会灵活地调整这些规则以满足您的独特需求。熟练掌握提示词工程的技巧可以为您与人工智能的合作研究铺平道路，人工智能将成为您的科研团队中的重要“成员”。

在前面所有的章节中，我们可以看到 ChatGPT 是如何成为一个高效的思想伙伴，如何激发研究人员的创新力，如何精心设计研究问题以及如何提出假设。它引导我们从复杂的信息中提炼出见解和观点。它帮助我们完善假设、考虑多维关系、预测与结构和测量相关的问题，甚至预测不同背景下的差异影响。它丰富的功能和广博的学科知识，让科研的过程变得更加引人入胜和富有成效。

几乎在科研的每个阶段，如文献的综述，研究设计的选择，研究仪器的开发，数据的收集、管理甚至解释，都有 ChatGPT 的“身影”。它精通复杂的建模方法，对数据的可视化提出真知灼见，还能将复杂的研究成果“翻译”成通俗易懂的语言。

在科研后期，ChatGPT 可以协助起草研究论文，它表达流畅、清晰，得体地回应审稿人的意见。它甚至可以撰写吸引人的社交媒体帖子、新闻稿、博客文章和政策简报，帮助研究人员在学术圈外发布和传播研究成果。

然而，在我们充分利用 ChatGPT 助力科研的时候，千万要记得，它是工具，不是人类智慧和判断的替代品。像所有的工具一样，它的有效性取决于它的使用者。它需要深思熟虑和详细的指导，研究人员的作用仍然居于核心位置。我们的“旅程”告诉我们，只有使用得当，ChatGPT 才能显著提高研究效率。

学术界围绕 ChatGPT 的使用还在进行激烈的辩论，此时撰写这样一本 ChatGPT 使用指南，可谓是一场豪赌。然而，我期待这本书能促进对这个争议问题的深入讨论。我个人的信念是：作为科学家，我们已经与人工智能不可逆转地交织在一起，不管我们接受还是反对，人工智能都将继续发展，都将变得越来越智能;我唯一的担心是人工智能在执行我们设想的研究任务时完成得还不够好,而不是担心该不该使用人工智能。

未来的挑战可能会在于如何减少人工智能的潜在失误(无论有意还是无意),这些失误可能会以我们无法察觉的方式误导我们。这类风险是巨大的,也是我们无法回避、不可否认的。但我坚定地认为,在科学研究中彻底禁止人工智能的使用既不可行也不可取。相反,我认为人工智能已经成为科研领域不可或缺的组成部分。

另外,对于那些热衷于使用人工智能来助力科研的人来说,如何确保人工智能的使用是合乎道德、负责任和公平的?这是个重要的问题,却尚缺明确的答案。依我之见,首先应该是充分披露和适当承认。某些期刊明确禁止在论文的写作中使用人工智能,那么,我们就应该遵守这些期刊的规定,尽管我对此持保留态度,因为实际上越来越难辨认论文写作是否使用了人工智能。例如,如果一个人使用 Grammarly 或 LanguageTool 这样的工具来纠正论文的语法错误和增强句子的结构,实际上就已经在使用人工智能了。

对于大多数没有明确规定的期刊,我建议在文章的致谢部分自愿披露人工智能的使用。例如,根据 ChatGPT 所起的应用,可以选择以下表达:

- 在本研究中,OpenAI 的 ChatGPT 作为交互工具被用来确定研究主题和框架问题。
- 在 ChatGPT 的帮助下,我们的研究假设得以制定和完善。
- 本研究使用 ChatGPT 作为辅助工具,按照方案进行系统文献综述。
- 我们的研究设计和方法选择是与 ChatGPT 讨论决定的。
- 我们使用 ChatgGPT 开发研究工具。
- 在 ChatGPT 的帮助下起草(或完善)了这篇研究论文。
- 作者使用 ChatGPT 来协助处理在同行评审过程中收到的评论。

行文至此，此书即将收尾。此时，我们应该退后一步，远眺人工智能的未来图景。2023 年以来，我们见证了人工智能技术和应用的指数级爆炸式增长。我们有理由相信，所有今天大放异彩的人工智能模型，包括 ChatGPT，都可能昙花一现，被更智慧的模型取代。未来的人工智能会更好地捕捉和理解人类世界，拥有常识，拥有更强的逻辑推理能力和理解能力。

从发展的角度来看，掌握某种特定的人工智能的使用技能，往往会因为模型的快速迭代而导致技能被淘汰。因此，我们必须问自己一个极其重要的问题：什么技能才是持久的，才是经得起时间考验的，因而值得花时间去真正掌握的？

正如我们在书中所演示和实践的那样，提示词工程就是这样一种技能。人工智能的总体趋势是朝着低代码、无代码的方向发展，因为机器越来越有能力通过语言（文本或语音）和视觉等自然交流的方式来理解人类的意图。人机交互可能会越来越少地依赖我们的计算机编程技能，而越来越多地依赖我们如何使用自然语言有效地与机器交流我们的想法。

与计算机编程语言相比，自然语言的主要优点和缺点都在于它的灵活性，自然语言丰富、多样且细致入微，可以表达各种复杂、抽象的概念。但如果使用不当，这样的灵活性也会导致歧义和误解。这就是提示词工程发挥作用的地方。

记忆或复制粘贴提示词模板的价值是有限的，真正的力量在于研究人员对提示词工程的掌握——能够清晰、有效、创新地起草提示词，与机器进行深入的对话。在不久的将来，彼此交流、相互启发，可能会超越任何特定的人工智能模型，而成为科学创新的主要驱动因素。

一些读者可能会好奇，为什么这本书中的“提示词”大多采用礼貌的语气，这是必须的还是可选的？我的回答是：它是可选的，采用礼貌语气更多是我的个人偏好。但是，我也想论证这么做的内在价值——交流时保持礼貌是一项人之为人的基本原则，与 ChatGPT 交流不遵循这一原则，只会侵蚀我们自己的价值观。

让我们继续带着好奇心、创造力和批判精神，踏入充满希望的未来。这些品质是我们人生的指南针，也时时闪现在书中这段旅程中。让我们张开双臂，拥抱这人工智能驱动研究的令人兴奋的新时代，拥抱无限的可能性。

Ajzen I. The theory of planned behavior[J]. Organizational behavior and human decision processes, 1991, 50(2): 179-211.

An R, Ji M. Building Machine Learning Models to Correct Self-Reported Anthropometric Measures[J]. Journal of Public Health Management and Practice, 2023, 29(5): 671-674.

An R, Jiang N. Frozen yogurt and ice cream were less healthy than yogurt, and adding toppings reduced their nutrition value: evidence from 1999-2014 National Health and Nutrition Examination Survey[J]. Nutrition Research, 2017, 42: 64-70.

An R, Liu J, Liu R. State laws governing school physical education in relation to attendance and physical activity among students in the USA: A systematic review and meta-analysis[J]. Journal of Sport and Health Science, 2021, 10(3): 277-287.

An R, Perez-Cruet J, Wang J. We got nuts! use deep neural networks to classify images of common edible nuts[J]. Nutrition and Health, 2022: 02601060221113928.

Bae J M. A suggestion for quality assessment in systematic reviews of observational studies in nutritional epidemiology[J]. Epidemiology and health, 2016, 38.

Bandura A. Social cognitive theory of self-regulation[J]. Organizational behavior and human decision processes, 1991, 50(2): 248 - 287.

Barker A R, Mazzucca S, An R. The impact of sugar-sweetened beverage taxes by household income: A multi-city comparison of Nielsen Purchasing Data[J]. Nutrients, 2022, 14(5): 922.

Bengio Y. Pausing more powerful ai models and his work on world models. Eye on AI. 2023. https://www.youtube.com/watch? v=I5xs DMJMdwo.

Bergman C, Tian Y, Moreo A, et al. Menu engineering and dietary behavior impact on young adults' kilocalorie choice[J]. Nutrients, 2021, 13(7): 2329.

Betz L T, Rosen M, Salokangas R K R, et al. Disentangling the impact of childhood abuse and neglect on depressive affect in adulthood: A machine learning approach in a general population sample[J]. Journal of affective disorders, 2022, 315: 17 - 26.

Chen J, Yang C C. The impact of the National Nutrition Program 2017 - 2030 on people's food purchases: A revenue-based perspective[J]. Nutrients, 2021, 13(9): 3030.

Cooper PJ, Taylor MJ, Cooper Z, Fairburn CG. The development and validation of the Body Shape Questionnaire. Int J Eat Disord. 1986;6: 485 - 494.

Craig C L, Marshall A L, Sjöström M, et al. International physical activity questionnaire: 12-country reliability and validity[J]. Medicine & science in sports & exercise, 2003, 35(8): 1381 - 1395.

BELDER Z. Power and discourse: comparing the power of doctor talk in two contrasting interactive encounters[J]. Innervate Leading Undergraduate Work in English Studies, 2013, 5: 106-21.

Eloundou T, Manning S, Mishkin P, et al. Gpts are gpts: An early look at the labor market impact potential of large language models[J]. arXiv preprint arXiv: 2303.10130, 2023.

Ferris D, Jabbari J, Chun Y, et al. Increased school breakfast participation from policy and program innovation: The Community Eligibility Provision and Breakfast after the Bell[J]. Nutrients, 2022, 14(3): 511.

Guyatt G H, Oxman A D, Kunz R, et al. What is "quality of evidence" and why is it important to clinicians? [J]. Bmj, 2008, 336(7651): 995-998.

Reyneke G, Hughes J, Grafenauer S. Consumer understanding of the Australian dietary guidelines: Recommendations for legumes and whole grains[J]. Nutrients, 2022, 14(9): 1753.

Hadwen B, Pila E, Thornton J. The associations between adverse childhood experiences, physical and mental health, and physical activity: A scoping review[J]. Journal of Physical Activity and Health, 2022, 1(aop): 1-8.

Hawkins M, Clermont M, Wells D, et al. Food Security Challenges and Resilience during the COVID-19 Pandemic: Corner Store Communities in Washington, DC[J]. Nutrients, 2022, 14(15): 3028.

Higgins J P T, Altman D G, Gøtzsche P C, et al. The Cochrane Collaboration's tool for assessing risk of bias in randomised trials[J]. Bmj, 2011, 343.

Hulley S, Cummings S, Browner W, et al. Designing clinical research. 3rd ed.

[M]. Lippincott Williams and Wilkins, 2022.

Jones C L, Jensen J D, Scherr C L, et al. The health belief model as an explanatory framework in communication research: exploring parallel, serial, and moderated mediation[J]. Health communication, 2015, 30(6): 566-576.

Joshi M, Gupta L. Preparing infographics for post-publication promotion of research on social media[J]. Journal of Korean medical science, 2021, 36(5).

LeCun Y. A path towards autonomous machine intelligence version 0.9.2, 2022-06-27[J]. Open Review, 2022, 62.

McCarthy J, Minovi D, Singleton C R. Local measures to curb dollar store growth: A policy scan[J]. Nutrients, 2022, 14(15): 3092.

McFarren H, Vazquez C, Jacobs E A, et al. Understanding feeding practices of Latinx mothers of infants and toddlers at risk for childhood obesity: a qualitative study[J]. Maternal & Child Nutrition, 2020, 16(3): e12983.

McKerchar C, Gage R, Smith M, et al. Children's Community Nutrition Environment, Food and Drink Purchases and Consumption on Journeys between Home and School: A Wearable Camera Study[J]. Nutrients, 2022, 14(10): 1995.

Melin J, Bonn S E, Pendrill L, et al. A questionnaire for assessing user satisfaction with mobile health apps: development using Rasch measurement theory[J]. JMIR mHealth and uHealth, 2020, 8(5): e15909.

Mendelson B K, Mendelson M J, White D R. Body-esteem scale for adolescents and adults[J]. Journal of personality assessment, 2001, 76(1): 90-106.

Mijares V, Alcivar J, Palacios C. Food waste and its association with diet quality of foods purchased in South Florida[J]. Nutrients, 2021, 13(8): 2535.

Moss T P, Rosser B A. The moderated relationship of appearance valence on appearance self consciousness: development and testing of new measures of appearance schema components[J]. PloS one, 2012, 7(11): e50605.

National Institutes of Health. Study quality assessment tools. 2014[J]. URL: https://www.nhlbi.nih.gov/health-topics/study-quality-assessment-tools, 2021.

Page M J, Mckenzie J E, Bossuyt P M, et al. The PRISMA 2020 statement: an updated guideline for reporting systematic reviews[J]. BMJ (online), 2021, 372: n71. DOI: 10.1136/bmj.n71.

Racine E F, Schorno R, Gholizadeh S, et al. A College Fast-Food Environment and Student Food and Beverage Choices: Developing an Integrated Database to Examine Food and Beverage Purchasing Choices among College Students[J]. Nutrients, 2022, 14(4): 900.

Royer M F, Wharton C. Physical activity mitigates the link between adverse childhood experiences and depression among US adults[J]. PloS one, 2022, 17(10): e0275185.

Salvo D, Lemoine P, Janda K M, et al. Exploring the impact of policies to improve geographic and economic access to vegetables among low-income, predominantly Latino urban residents: an agent-based model[J]. Nutrients, 2022, 14(3): 646.

Schmitter M, Vanderhasselt M A, Spijker J, et al. Working it out: can an acute exercise bout alleviate memory bias, rumination and negative mood? [J].

Cognitive Behaviour Therapy, 2023, 52(3): 232 - 245.

Sterne J A C, Savović J, Page M J, et al. RoB 2: a revised tool for assessing risk of bias in randomised trials[J]. bmj, 2019, 366.